# 现代风
## 家居设计与搭配

凤凰空间 编
冯青瓦

江苏凤凰科学技术出版社·南京

**图书在版编目（CIP）数据**

现代风家居设计与搭配 / 凤凰空间，冯青瓦编．
南京：江苏凤凰科学技术出版社，2024.8. -- ISBN
978-7-5713-4474-0

Ⅰ. TU241

中国国家版本馆 CIP 数据核字第 202466F8U8 号

## 现代风家居设计与搭配

| | | |
|---|---|---|
| 编　　　者 | 凤凰空间　冯青瓦 | |
| 项 目 策 划 | 刘立颖 | |
| 责 任 编 辑 | 赵　研　刘屹立 | |
| 特 约 编 辑 | 李少君 | |

| | |
|---|---|
| 出 版 发 行 | 江苏凤凰科学技术出版社 |
| 出版社地址 | 南京市湖南路 1 号 A 楼，邮编：210009 |
| 出版社网址 | http://www.pspress.cn |
| 总 经 销 | 天津凤凰空间文化传媒有限公司 |
| 总经销网址 | http://www.ifengspace.cn |
| 印　　　刷 | 北京博海升彩色印刷有限公司 |

| | |
|---|---|
| 开　　　本 | 710 mm × 1000 mm　1/16 |
| 印　　　张 | 10 |
| 字　　　数 | 120 000 |
| 版　　　次 | 2024 年 8 月第 1 版 |
| 印　　　次 | 2024 年 8 月第 1 次印刷 |

| | |
|---|---|
| 标 准 书 号 | ISBN 978-7-5713-4474-0 |
| 定　　　价 | 59.80 元 |

图书如有印装质量问题，可随时向销售部调换（电话：022-87893668）。

# 目录
contents

**第一章　现代风的表现形式**

**007** 风格 1
现代日式（原木）风格

**009** 风格 2
现代中式风格

**011** 风格 3
现代侘寂风格

**012** 风格 4
现代混搭风格

**第二章　掌握设计要点，打造理想之家**

**015** 要点 1
户型优化

**023** 要点 2
材料与工艺

**035** 要点 3
收口设计

**042** 要点 4
软装设计

**053** 要点 5
灯光设计

**第三章　暖通设备保驾护航**

**063** 要点 1
暖通设备如何选

**069** 要点 2
新风系统如何选

# 第四章 案例解析

**072** 案例 1
小拆小改，78 m² 空间的动线优化与放大术

**080** 案例 2
低饱和度的浪漫，小空间里的视觉层次

**088** 案例 3
108 m² 打造浩瀚星河，与老人共居的理想宅

**098** 案例 4
双重洄游路线，138 m² 诠释两人两猫的生活观

**108** 案例 5
老房华丽转身，两娃之家的温暖港湾

**114** 案例 6
夫妻二人"居心地"，住进绿野仙踪

**122** 案例 7
一室两厅，127 m² 的无界之家

**130** 案例 8
空间重塑，借换空间

**138** 案例 9
复式的游弋空间，借光还可内开窗

**144** 案例 10
寻梦令，86 m² 凝集中式元素

**154** 案例 11
如秋般温柔的家，现代与复古的碰撞

第一章

# 现代风的
# 表现形式

# 现代日式（原木）风格

**关键词：素色基调、木作元素、简约装饰**

　　这是现代风中较为常见的一种，非常受大众喜爱。空间内的元素多以白色或其他素色色调为基底，在其中大量加入原木色的木作元素，使整体空间呈现轻盈、温馨的氛围。

▲极简留白的空间无需添加多余的装饰元素（图片来源：东己壤设计研究室）

▲木作元素带有自然的亲切感，也可以丰富空间的层次（图片来源：东己壤设计研究室）

▲（图片来源：南也设计）

# 现代中式风格

关键词：简化精雕、用色淡雅、中式意境

现代中式风格也叫新中式风格，它不同于传统中式风格，精简了雕龙画凤的细节，甚至没有直接表达中式风格特征的符号性设计，而是在简约的空间里，用中式的写意手法，在局部造型或者软装家具中使用象征性元素，隐含中式韵味。

▶将书法作品进行装裱吊挂，或者选择设色清淡雅致的工笔画，作为点亮现代空间中式风格的钥匙（图片来源：南也设计）

▲颇具中式古典园林韵味的拱门，让中式意境扑面而来（图片来源：南也设计）

▲摒弃了传统雕龙画凤的繁复形式，用胡桃色木饰面表现现代中式的沉稳与雅致。（图片来源：木卡工作室）

▲通过弧线与直线的对比和大量的留白，削弱空间的尖锐感。（图片来源：木卡工作室）

# 风格 3 现代侘寂风格

**关键词：质朴之美、宁静、生活气息**

"侘寂"一词来自日本，原意是简陋，喻指朴素又安静的事物。侘寂风格追求残缺而质朴的美，特别注重获取精神上的静谧感。将此风格应用在空间营造上可以带来朴素和安静的氛围，在近几年深受装修者的喜爱。经过改良后的现代侘寂风格，既保留了侘寂的"拙朴之美"，又符合居住者的生活习惯，在其原本氛围的基调中增添了许多烟火气息。

▲现代侘寂风格更尊重人的生活需求和情感需求，并非是生搬硬套的模式化设计（图片来源：南也设计）

# 现代混搭风格

**风格 4**

## 关键词：时尚、随性、多重选择

　　现代混搭风格没有明确的定义，我们既能从中看到多种东方元素，又能捕捉到一些其他国家的设计精髓，但共同点都是去繁就简，以居住者的舒适生活为核心需求。现代混搭风格具有强大的包容性，对难以抉择装修风格的业主来说，这种可进行多种元素混搭的风格无疑是较好的选择。

▲家是可以进行自由定义的地方，在原有的装修风基调下，可以随心所欲地加入自己喜欢且适配其格调的元素，不被风格所绑架（图片来源：诗享家空间设计）

▲在现代风格的空间中加入拱券等元素，将简洁的空间打造得更加精致耐看，蕴藏巧思（图片来源：白菜适家）

### 追求简约而有留白的家

家不仅是人们生活的空间，更反映着人们的内心。业主忙碌了一天，回到家中希望感受到的是精神的放松，这也使得许多人对家装的概念逐渐清晰，需求也更加明确，不再用物件的堆砌和繁复的造型来满足观感，而是去繁为简，追求简约而有留白的家。

当大众审美从欧式风格、美式风格转变到现代风时，当代年轻人对现代风的理解也不再是单一的"轻装修"，而是更注重居家的"归属感"。利用简约精致的设计，搭配心仪的装饰材料，共同来建构现代风中那一分特有的精致与细腻。

# 掌握设计要点，
# 打造理想之家

第二章

# 户型优化

在商品住宅的分类中，有平层、复式、跃层、别墅等，大多数人倾向于选择平层。平层又可分为 60 m² 以下的小户型、60 ～ 100 m² 的中户型，以及 100 m² 以上的大户型。随着人们对居住环境的要求不断提高，开发商在建设时期就对房屋结构进行调整，在满足安全原则的情况下，减少了许多又厚又不可移动的承重墙，转而替换为仅作隔断之用的墙体，这便于我们根据实际居住需求进行后期的户型优化改造。

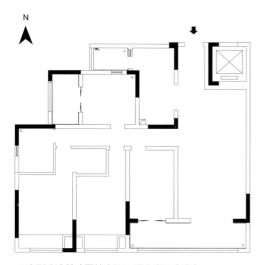

▲户型改造前（图片来源：重庆岩居全案）

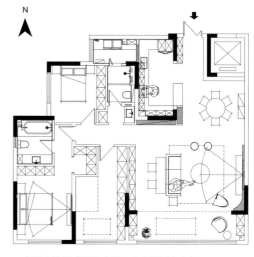

▲户型改造后（图片来源：重庆岩居全案）

▲改造后的实景图。将客厅和阳台两种不同功能的空间连通，在视野更开阔的同时，使用也更便捷（图片来源：重庆岩居全案）

如果把一套房子比作一个人的话，那么前期的平面布局就如同人的骨架，硬装造型就像人体的肉，而软装则是穿戴在身上的衣服和饰品。那些走秀的模特拥有较好的比例，看起来挺拔而优雅，可以将衣物完美展现。这也说明了一个道理，若一套房子的"骨架"基础好，则后期稍加装饰就可以呈现出较好的效果。所以，当我们拿到一套房子的时候，首先应该认真做以下分析：

## ↘ 原始房屋的空间划分是否满足当前家庭成员的居住需求

例如，一套两室一厅、约60 m² 的住宅，需要满足一对长辈、一对夫妻和一个小孩五口之家的居住需求，这时我们就要考虑如何在恰当的位置加入一个新的空间来满足日常生活。再如，一套四室一厅、100 m² 左右的大户型，如果只需要满足夫妻二人的日常生活，那么我们是否应该考虑加入一些功能性空间，例如书房、电竞室、茶室等。由于不同的需求会直接影响我们对户型改造的决策，所以这些都需要我们提前纳入装修设计规划方案。

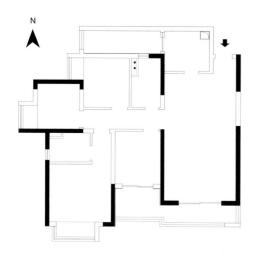

▲四室一厅初始户型（图片来源：东己壤设计研究室）

▲改造后变为两室一厅（图片来源：东己壤设计研究室）

## ↘ 原始房屋的结构形式、采光、通风是否合理

楼层净高、客厅走向、客厅及主卧朝向，这三个因素是我们在购房置业过程中需要重点考虑的问题。若最终购买的房子并非理想的户型，那么我们能否通过户型改造去优化呢？完全可行！比如，因为小区的植被覆盖率较高，所以一些较高的乔木可能会影响二楼房间的采光。这时我们就可以通过在室内开窗，将光线引入室内，用设计去弥补空间内部与外部的缺陷，这样也会收获一个完美的家。

▲墙面间的空口缝隙，展现露而不尽的韵味（图片来源：东己壤设计研究室）

▲ 通过玻璃滑门增加局部空间采光（图片来源：东己壤设计研究室）

▲ "凿壁借光"，两个空间通过玻璃砖相互借光（图片来源：白菜适家）

　　有些业主倾向于将客厅设计为横向形式，如果原本是竖向客厅，在不影响空间结构且空间足够的情况下，可以选择打通靠近客厅的一间小卧室，从而改变整个客厅的布局形式。我们通常希望把有采光需求的卧室放在朝南的位置，但是开发商有时只是把某一间客房或者书房做朝南设计，此时我们就需要通过改造设计"扭转乾坤"，以获得更好的居住体验。我们还可以通过户型优化，让全屋的动线变得更合理、更有趣，例如一字形动线、洄游动线等。

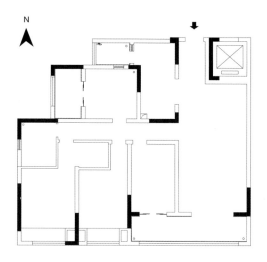
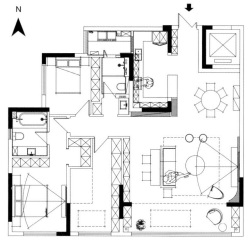

▲ 原始户型的客厅为竖向（图片来源：重庆岩居全案）　　▲ 改造后客厅变为横向（图片来源：重庆岩居全案）

将竖向客厅改为横向客厅后，空间动线更灵活，可体验洄游动线带来的乐趣（图片来源：重庆岩居全案）

当然，南北方地理环境的差异，也会让我们思考两地房屋空间规划的不同。北方地区冬季寒冷，业主大多不喜欢将没有直射阳光的朝北房间作为卧室；南方地区有回南天和梅雨季节，多数业主选择把储物间、厨房等设置在朝北的位置。

## ↘ 分析自己的日常生活需求与居住喜好

在对房间的尺度、居住成员数量进行一系列分析后，接下来要考虑我们自己的生活需求了。可以使用场景代入的方式去构想我们在家中的需求。

有人喜欢开放式厨房，有人喜欢封闭式厨房；有人喜欢在家中展示琳琅满目的书籍、藏品，有人喜欢断舍离的生活方式……我们在户型优化的时候，就需要去权衡自己对当下和未来生活的需求。

▲封闭式厨房可减少油烟外溢，同时在一定程度上阻隔吸油烟机噪声（图片来源：木卡工作室）

▲灵活开放式的中厨与完全开放式的西厨（图片来源：南也设计）

▲开放式厨房（图片来源：重庆岩居全案）

随着人们生活品质的不断提高，家装设计也应该具有更多的前瞻性。随着社会的发展，自由职业者越来越多，人们的生活和工作方式也随之发生了很多变化。住宅空间不仅仅是生活与休憩的场所，而且具有办公空间的功能。

例如，自由撰稿人平时在家中工作时间较长，我们就要考虑在空间条件允许的情况下为其规划一个独立书房。如果业主是宝妈或者宝爸，在家工作的同时还要兼顾照料小孩，那我们就可以在公共区域设计开放式书房，在工作中也可以随时关注孩子动态。

▲将书房设置在客厅，工作、娱乐、会客功能同时兼顾，极大提高了空间利用率（图片来源：木卡工作室）

▲书房和客厅连在一起，模糊了两个空间的边界（图片来源：拾光悠然设计）

▲改变传统客厅固有的"电视＋沙发"模式，变成阅读、会客功能兼具的新型客厅（图片来源：南也设计）

# 材料与工艺

室内设计一般分为硬装设计和软装设计。很多业主很难界定硬装和软装的概念。这里给大家提供一个很直观的理解方式：假设把一套装修好的住宅颠倒过来，能掉下来的物品就是软装，反之就是硬装。接下来，我们就来讨论现代风中常见的硬装材料有哪些，以及怎样去合理利用和搭配这些装修材料，可使现代风的家居更具格调和质感。

## ↘ 天花板材料

### 乳胶漆、石膏板

我们常见的天花板形式，就是在原有的建筑楼板上批刮腻子，在表面涂刷乳胶漆，然后分别对水电管路、电器设备、灯光布局进行综合考虑和设计。纸面石膏板是一种物美价廉的装饰材料，我们可以利用它制作出各种造型。在现代风中，也可使用更为简约的方式来完成顶面的处理，常见的就是局部下吊、大面积原顶刷漆面，或者吊大平顶的形式。

▲平顶石膏板（图片来源：星瀚设计）

▲曲面吊顶（图片来源：木卡工作室）

## 木饰面

除了常见的漆面饰面和石膏板吊顶，个性化的设计师和业主也会选择使用木饰面、木地板等木作类材质来完成吊顶造型。这种木饰面吊顶区别于常见吊顶工艺，需要设计师具备一定的设计和审美能力，同时对材料品质以及施工人员的工艺要求也较高。

▲木饰面吊顶（图片来源：东己壤设计研究室）

## 其他顶面材料

在一些想法前卫的业主家里，我们还会看到在顶面使用的其他装饰材料，也处理和运用得十分恰当。例如用金色波浪板做吊顶饰面，用玻璃镜面处理局部较矮空间，甚至直接保留原有的混凝土楼板，用"裸露"的形式来充分彰显材质与业主的独特个性。

▶柜门材料吊顶（图片来源：南也设计）

## 专栏

**在处理吊顶期间要注意以下几点：**

1. 净高直接影响顶面的设计方式，如果原本的空间净高有限，则尽量不装饰吊顶。在必须进行吊顶设计的情况下，尽量选择浅色的材质，会比使用深色更显轻盈。

2. 灯具和其型号最终决定是否设计全屋吊顶。有无主灯、嵌入式还是明装灯具设计，这些因素对是否安装吊顶以及吊顶高度都有重要的影响。

3. 厨卫吊顶应选择不同特点的吊顶材料，尤其是在被称为"烟区"和"水区"的厨房和卫生间，在选择吊顶材料时需要考虑防油污、防水、易清洁、易检修的问题。

▲ 厨卫的吊顶使用防潮石膏板，面饰使用防水乳胶漆（图片来源：重庆岩居全案）

## ↘ 地面材料

### 瓷砖

瓷砖是大多数装修者的必选材料，它经高温烧制而成，铺在地面或墙面上具有耐磨、防尘、易清洁等优势。市面上的瓷砖也分很多种类：

1. 按光泽度区分：亮光、柔抛、亚光、仿古等；

2. 按材质区分：玻化、通体；

3. 按 规 格 区 分：300 mm×300 mm、600 mm×600 mm、800 mm×800 mm、600 mm×1200 mm、750 mm×1500 mm、900 mm×1800 mm、1200 mm×2400 mm。

▲铺设 600 mm×600 mm 仿古瓷砖（图片来源：南也设计）

▲铺设 600 mm×1200 mm 仿古瓷砖（图片来源：东己壤设计研究室）

▲使用 900 mm×1800 mm 白色瓷砖和 600 mm×1200 mm 黑色瓷砖，经切割加工后交替铺贴，呈现出如黑白琴键般富有艺术气息的形态和质感（图片来源：南也设计）

随着时代审美不断变化，瓷砖作为装修中的重要材料，其流行趋势也在不断变化。几年前，人们喜欢用表面光亮的瓷砖来让装修看起来更"高档"，现在却偏向对质朴风格的追求，多选用亚光和仿古类瓷砖。由此可见，材料本身并没有规定风格的定义与性格表达，而是人们赋予了材料对于空间的影响。无论哪一种瓷砖，只要使用得当，都能提升居室的气质。

▲竖条马赛克瓷砖和600 mm×600 mm
瓷砖的组合铺贴（图片来源：研己设计）

▲ 300m m×300 mm 花砖和木地板异型结合（图片来源：研己设计）

这里要特别说明，在现代极简风格中，我们常用一些大规格瓷砖来让空间显得更加大气、开阔，这样的大规格瓷砖在铺贴之前需进行预排，一是让瓷砖的纹理更自然，二是尽可能减少切割损耗。

## 木地板

相比瓷砖，木地板富有温润的质感，让居室看起来更加温馨。人们以前只会在卧室空间使用木地板，而现在越来越多的人，特别是有小孩的家庭，在公共区域也喜欢使用木地板，它更适合小朋友光脚在地面上"撒野"。

▲全屋通铺复合强化木地板，简洁且统一的风格即刻呈现（图片来源：木卡工作室）

▲客厅通铺多层实木地板，带来温润的触感（图片来源：南也设计）

**在现代风中，我们怎么选择合适的木地板呢？**

1.选择材质：主要分为强化木地板、实木复合地板、多层复合地板、竹材地板、软木地板、实木地板六大类，它们的施工工艺有所不同，可以根据设计要求和预算，选择最为合适的。

2.选择铺贴方式：错缝拼、人字拼、鱼骨拼、复古拼花等都是可以选择的铺贴方式。在追求"大道至简"的现代风中，我们尽可能选择最简单的拼贴方式，能让空间看起来干净利落。

▲木地板错缝拼贴（图片来源：白菜适家）

▲木地板人字拼（图片来源：星瀚设计）

## 艺术涂料

微水泥、磐多魔、地坪漆等新型材料成为现代风中的新宠儿，最大的原因是能够体现极简的风格。

微水泥与其他几种材料相似，本质上属于艺术漆，它们都能达到一体成形、无缝隙的效果，对于喜欢极简风格的业主来说是很好的选择。不过这类艺术涂料对施工工艺、造价、后期维护成本等有一定的要求，也让很多人望而却步。

▲地面使用微水泥，保留其原始的肌理感（图片来源：研己设计）

## ↘ 墙面材料

### 乳胶漆

无论哪一种风格的乳胶漆，都是家居装修中常用的一种饰面，其具有造价低、施工简便、颜色丰富、环保性佳等优势，现在的乳胶漆甚至具有防水、耐擦洗的优点。前几年，装修者偏爱使用满屋墙纸搭配金属线条来堆砌豪华感，而随着审美趋势的变化以及装修材料的选择范围越来越广，现在的装修者们更喜欢使用较为纯粹的材料去表达简约风格，体现美感。

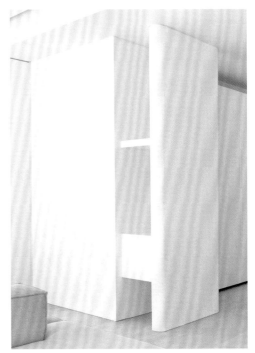

▲白色乳胶漆墙面（图片来源：木卡工作室）

▲彩色乳胶漆墙面（图片来源：星瀚设计）

### 艺术漆

艺术漆作为乳胶漆的衍生品，与乳胶漆最大的区别在于可以做出视觉肌理和触觉肌理的效果。比起乳胶漆，艺术漆虽然在施工工艺方面更烦琐，但最终成品效果也更有层次感，如工业风及冷淡风中常用的水泥漆、侘寂风中使用的灰泥等，它们都能让空间的情绪得到更好的展现。

▲仿水泥艺术漆墙面（图片来源：东己壤设计研究室）

▲灰泥艺术漆墙面（图片来源：南也设计）

▲艺术硅藻泥墙面（图片来源：南也设计）

## 木饰面

木饰面与其他墙面材料不同，在施工时需要提前设计好造型、比例，并选择好适合的木纹颜色。我们常常看到的护墙上的隐形门，基本都采用木饰面来装饰。在现代风的家居装修中，硬装的木色一般不会超过三种，这样设计出的整体空间显得更协调统一。

▲木饰面和隐形门（图片来源：南也设计）

▲木饰面墙（图片来源：东己壤设计研究室）

▲木饰面墙（图片来源：拾光悠然设计）

▲木饰面和格栅（图片来源：重庆岩居全案）

## 岩板

　　在现代风中，除了可以使用岩板来铺贴地面和打造厨房台面外，其独特的花纹和硬度以及展现出的"精致高冷范儿"，还可以用来装饰墙面，这也让它成为使用频率非常高的材料。人们通常喜欢使用它来完成电视背景墙和沙发背景墙的造型设计，也因为它独特的"高冷感"，而被用于打造局部的墙面造型，还可与木饰面结合起来使用。

▲岩板材料的使用，让现代风十分明显（图片来源：星瀚设计）

▲木材纹理和岩板的组合设计，呈现现代风质感（图片来源：木卡工作室）

## 新型材料

　　一些新型材料的出现，诸如 PU 线条、PU 石皮、PU 黏土、电镀金属板等，让业主和设计师有了新的想法和设计思路。过去使用在商业空间及其他工装空间的材质，现在也可以运用在住宅空间内，正所谓"家装越来越工装化，工装越来越家装化"。

▲ PU 线条（图片来源：诗享家空间设计）

▲ PU 梁托（图片来源：诗享家空间设计）

## ↘ 全屋定制标配工艺

　　在硬装设计中，全屋定制家具占有举足轻重的地位。各种户型的住宅层出不穷，使得大多数家具很难满足个性化要求，不是尺寸与空间不符，就是款式不适合整体装修风格。而对于现代风来说，对不同柜子的板材、质感、颜色、收边方式等方面都有了更加严格的要求。

▲定制悬空收纳柜，通过滑动巴士轨道开启电视机的柜门（图片来源：东己壤设计研究室）

　　前几年流行美式风格，我们在定制家具中常使用复杂的线条、不同的雕花来塑造装饰的美感，而近年在现代风中，简约的造型、黑白灰的色调等更受喜爱。当代社会，大众的审美疲劳状况需要用更简单的方式去缓解。

　　板材按木材来源分可分为天然硬木板材、人造板中的实木拼接板、胶合板中的胶合木拼接板等。这些板材各有优势，并且安装十分简单便捷，环保性也得到满足，逐渐取代了木工现场打柜子、漆工现场喷漆的加工方式。

▶柜子采用顶天立地设计，无上下收边条（图片来源：重庆岩居全案）

　　现代风中的全屋定制家具，非常注重细节设计以及工艺制作，比如顶天立地的整体柜子、无把手或者把手内凹隐形的柜门、利用反弹器或者柜门上安装 45°斜角的拉手，这些细节处处体现出人们的当下审美以及对功能的极致追求，也成为现代风全屋定制的"标配"工艺。

▲柜门做内凹把手（图片来源：木卡工作室）

▲装饰把手的柜门（图片来源：诗享家空间设计）

▲无把手柜门（图片来源：星瀚设计）

# 收口设计

在施工中，我们常常听到"收口""收边"这一类的专业词汇，具体是指什么？

收口就是一种由相同或不同材料处理交接处的施工工艺及做法的统称，通过饰面收口，对边、角和衔接部位的拼口接缝及收口缝进行处理。可同样是现代风，为什么有的房子的装修效果非常精致，有的房子装修出来却略显粗糙？所谓细节决定成败，其中的奥秘大多在于收口工艺。

## ↘ 吊顶收口处理方式

无论是石膏板吊顶还是其他材质的吊顶，在收口方式上较常用的方式有两种：直接碰接和留缝隙。在特殊节点由于墙面和顶面的材质不一样，会使用特殊的金属件，使两者相互衔接，避免后期发生开裂。

▲石膏板吊顶和木饰面的硬接（图片来源：东己壤设计研究室）

▲石膏板和墙面腻子做无缝处理（图片来源：重庆岩居全案）

▲石膏板吊顶和木饰面之间留出缝隙（图片来源：木卡工作室）

▲石膏板和瓷砖之间以金属件做留缝处理（图片来源：木卡工作室）

▲木饰面无缝衔接的墙面、顶面一体设计（图片来源：南也设计）

▲墙面、顶面直接使用石膏线条衔接（图片来源：诗享家空间设计）

## ↘ 墙面间衔接方式和固定家具方式

最常见的墙面间衔接方式就是使用墙板，但是由于不同墙板材质的厚度不一样，所以在处理的时候我们采用的方式也会有所不同。当使用比较薄的木饰面时，为了凸显墙面的整洁性，首选的解决方式是使用收缩缝工艺。

▶墙面做自然留缝设计（图片来源：木卡工作室）

▲墙面做自然留缝设计（图片来源：东己壤设计研究室）

▲玻璃砖和瓷砖的收边，采用一种材质覆盖另外一种材质的方式，实现自然过渡的效果（图片来源：白菜适家）

在墙面施工中，家具的收边同样非常重要，现代风的装修在墙面中使用了更多的隐藏式五金件和极简的收口工艺。诸如墙面上的置物板、置物架摒弃了传统的三角架设计，而通过预埋支撑架的方式进行处理。

▲预埋固定件植入墙面，安装置物板（图片来源：东己壤设计研究室）

▲预埋固定件植入墙面，安装置物板（图片来源：南也设计）

我们在最常见的厨房或者卫生间的操作台面上，将挡水条这一配件的高度从 8 cm 降低到 4 cm，甚至可直接舍弃挡水条的设计。

▲高挡水条（图片来源：东己壤设计研究室）

▲矮挡水条（图片来源：南也设计）

▲台面石材无挡水工艺（图片来源：木卡工作室）

## ⬎ 地面边角收口方式

从传统的各类拼花铺装到现在的大尺寸瓷砖通铺、木地板通铺，人们的审美愈加倾向于强调住宅质感。明装踢脚线、内嵌踢脚线都是比较常见的收口方式。甚至不装设踢脚线，仅通过防水耐污的墙面和地面材质，就可以有效解决清洁与美观问题。

▲明装踢脚线（图片来源：白菜适家）

▲内嵌踢脚线（图片来源：木卡工作室）

▲无踢脚线（图片来源：木卡工作室）

除了在墙面和地面、地面和地面之间采用不同材质进行过渡，高低落差也是一种很好的收口方式。不同材质之间收口的常见方式是加入极简收口条，最精致的方式是无缝硬碰。

▲木地板与瓷砖之间的金属线条收口（图片来源：星瀚设计）

▲木地板和瓷砖之间的硬碰收口（图片来源：南也设计）

在处理卫生间和厨房的地漏还有淋浴房的挡水条时，既要满足功能性，又要兼顾极简风格要求的美感，可以利用瓷砖本身的高度差和一些无障碍的方式加以解决。

▲淋浴间使用了与墙面撞色的挡水条（图片来源：星瀚设计）

▲更窄的极简风格挡水条（图片来源：重庆岩居全案）

▲淋浴间无挡水条设计，同时搭配隐形地漏（图片来源：木卡工作室）

▲无障碍地漏代替挡水条（图片来源：南也设计）

# 软装设计

现代风和极简主义设计对每一件软装的摆放位置、外观造型及其功能的要求都非常考究，沙发、茶几、休闲椅、餐桌、餐椅、床、床头柜和其他装饰柜等，它们都需要在仔细选择的基础上去实现我们想要打造的装修基调。

现代风在软装设计中摒弃了其他风格的大体量软装单品的堆砌，注重功能和美学的统一。整体上使用干净利落的单体家具搭配少量饰品，在满足功能的前提下，提升空间的整体质感。

## ↘ 客厅家具

提起客厅中的家具，首先想到的就是大体量沙发，它既能满足客人到访的社交需求，又能让我们在疲倦的时候可以依靠和放松。回顾中国历史，从汉唐的筵席、罗汉床到明清时期的座椅、坐凳，大多都是以实木或者上覆软垫来接触身体，而沙发这一外来家具因具有强大的包裹性和舒适感，加之不断优化、衍生出的各种功能，如今已经成了家家户户必备的软装单品。

▲两人位沙发（图片来源：东己壤设计研究室）

▲三人位沙发搭配单人休闲椅（图片来源：南也设计）

▲异型四人位沙发搭配单人休闲沙发（图片来源：重庆岩居全案）

常规风格的沙发组合形式一般为三人位加一人或两人位加一人。在现代极简风格影响下，沙发的体积大多比较大，且组合的形式可发生变化。以模块化沙发为例，其优点是可根据需求随意组合，摆放位置也不受限制。

▲灵活的模块组合沙发（图片来源：诗享家空间设计）

除了沙发以外，还可以将不同风格的休闲沙发椅和坐凳灵活摆放在客厅空间中。茶几这一类的软装单品甚至不再是刚需，可以用小边几、小推车代替。在灵活收纳的同时释放客厅的空间，让动线更加合理。

▲摆放茶几的布局形式（图片来源：星瀚设计）

▲用边几替代茶几（图片来源：诗享家空间设计）

现在，客厅的功能逐渐多样化，不再是单一的满足一家人看电视、聊天的场所。随着生活节奏的加快，"去客厅化"概念逐渐盛行，许多业主和设计师开始使用大尺寸的书桌和座椅代替沙发和茶几。

▲休闲椅替代沙发（图片来源：南也设计）

▲书桌、座椅替代沙发、茶几（图片来源：南也设计）

## ↘ 餐厅家具

在常见的户型中，无论竖向客厅还是横向客厅，餐厅的位置总是与客厅相连，因此餐厅和客厅就需要在风格上达到统一。现代风的餐厅常使用体块元素和线条感较强的餐桌、餐椅。如果想让空间更加灵动，不妨尝试使用外观不同的家具达到效果。将不同款式的椅子组合搭配，这种混搭的形式会让空间更显活泼。

▲选择多个相同样式的椅子，进行
灵活移动（图片来源：木卡工作室）

▲选择多个相同样式的椅子，进行灵活移动（图片来源：重庆岩居全案）

▲椅子和长条凳的组合，具有丰富趣味感（图片来源：
星瀚设计）

▲款式不一样的两种椅子，带来视觉差异（图片来源：
东己壤设计研究室）

## ↘ 卧室家具

　　卧室也是住宅中重要的空间，其中较为
重要的就是床和床垫。虽然床具的材质、外
观多样，选择范围也较为广泛，但是如果我
们想要打造出卧室的宁静氛围，在床具造型
与材质的选择上就需要尽可能偏向于简洁风
格。另外需注重床具的环保性和人体工程学
上的舒适性，如原料的漆面工艺、靠包的不
同倾斜角度带来的不同舒适感受等。

▲布艺床具（图片来源：木卡工作室）

▲皮艺床具（图片来源：南也设计）

▲木艺床具（图片来源：南也设计）

刚需或改善型住宅的卧室空间大多较小，因此在选择床头柜的时候也要注意其造型、尺寸、比例，避免动线设计不合理带来的使用不便。

▲两边体量不一致的床头柜（图片来源：星瀚设计）

▲为方便柜门开合，只在床的一侧放置床头柜（图片来源：重庆岩居全案）

## ↘ 窗帘的选用

除了家具本身外，布艺的主要使用场景就是窗帘。窗帘不仅可以调节室内光线，而且可以保证隐私，增强住宅的私密性，同时在统一空间风格、营造空间调性中起着重要的作用。

常见的窗帘以布帘和纱帘的搭配为主，在美式风格或者欧式风格中，窗帘还搭配了帘幔等其他配件。但是在现代风中更强调的是回归材质本身属性，使用简单的一种或两种材质，进行素色或局部拼接的组合，来作为窗帘的搭配要素。

▲布帘和纱帘的组合形式，更利于透光、遮光（图片来源：星瀚设计）

### 布帘、纱帘

家中常见的窗帘面料大多用棉、涤纶或者其他原料加工而成。布帘有全遮光、半遮光可选择，两者的主要区别在于布料本身的经纬线密度和克重不同。睡眠时喜欢较暗环境的业主通常会选用全遮光的布帘，或者选用常规布帘和衬布的双层布帘组合来达到遮光的效果。

▲客厅布帘和纱帘的组合搭配（图片来源：星瀚设计）

### 梦幻帘、香格里拉帘、柔纱帘

这几种窗帘在近几年热度很高，因其本身的颜值与材料质地，深受消费者的喜爱。对于客厅这类无需全面遮光的空间，可以选择这种具有隐约朦胧感的窗帘来柔化客厅的自然光线。

### 铝百叶、木百叶、布百叶

百叶帘是打造空间光影效果的神器，其

▲客厅梦幻帘，竖向调节室内光线（图片来源：南也设计）

最大优点是可以调节不同的角度来控制光线的强弱和方向。在家中自然光可进入的空间中，不妨试试这种将光线引入的方式，为家里带来装饰的亮点。

　　梦幻帘、铝百叶、木百叶等百叶类可折叠的窗帘，最大的优势在于方便调整光线，满足不同时间或场景的需要。

▲香格里拉帘（图片来源：星瀚设计）

▲布百叶（图片来源：诗享家空间设计）

▲厨房木百叶（图片来源：南也设计）

▲卫生间铝百叶（图片来源：重庆岩居全案）

▲书房柔纱帘（图片来源：木卡工作室）

▲书房柔纱帘（图片来源：南也设计）

## ↘ 绿植的选用

建筑本身是硬朗和冰冷的，却可因居住者在空间中用心的装饰而变得温暖。即使我们身处空间有限的住宅之中，也仍然希望能和大自然互动。欲引自然入室，除了将窗外的风景引入视野外，还有一个事半功倍的办法——增添植物。室内植物通常分为盆栽和水培两种类型。在现代风的家居中，硬装和软装都偏向简洁风格，这时植物的摆放能为空间增添生气，也能成为空间中亮眼的装饰。

家居中常见的土培绿植有天堂鸟、金叶百叶、橡皮树、龙血树、发财树、散尾葵、蕨类植物等。这一类植物体积相对较大，可以根据不同植物对光照的需求，固定摆放在一个位置，为家里增添一抹绿意。

▲百合竹（图片来源：东己壤设计研究室）

▲天堂鸟（图片来源：诗享家空间设计）

▲发财树（图片来源：南也设计）

▲散尾葵（图片来源：南也设计）

▲橡皮树（图片来源：木卡工作室）

▲蕨类植物（图片来源：南也设计）

### 选购植物要注意

1. 不同植物对阳光与生长环境的要求不同，要根据需要摆放的位置决定植物的品类，比如阳台大多有强光照射，就不适合摆放喜阴的蕨类植物。

2. 购买植物时可以向商家询问一下养护的方式，如浇水的频率、换土的频率，方便日后养护。

3. 水培植物虽然是懒人必备的植物选择品种，但有些水培的植物也要定期更换水和营养液，用来维持植物生长的良好状态。

4. 选择适合的花盆或花瓶同样重要，无论是土培植物还是水培植物，都需要有充足的生存空间。同时，美观的养植容器也可为家中添彩。

　　常见的水培植物有日本吊钟、马醉木等。如果你觉得土培植物不好养，不妨一试水培植物，日本吊钟和马醉木被称为植物界的"爱马仕"，无论是放于桌上还是直接落地摆放，只一棵就拥有非常好的视觉效果。

▲吊钟（图片来源：南也设计）

▲马醉木（图片来源：重庆岩居全案）

▲龙血树（图片来源：诗享家空间设计）

▲百合竹（图片来源：拾光悠然设计）

# 灯光设计

基础照明，是用一盏灯把全屋照亮来满足人们在室内正常活动的单一照明方式。而利用不同的光源、色温，让不同场景有不同的灯光氛围，我们叫作"灯光设计"。

随着人们对家居装修的要求越来越高，除了硬装和软装，灯光照明也成为装修设计时关注的重点。好的灯光设计，不仅可以满足生活基本需求，而且可以让家中的每一件物品变为艺术品，更让居住者的精神得到放松与愉悦。

▲灯光打开前（图片来源：南也设计）

▲灯光打开后（图片来源：南也设计）

## ↘ 装饰灯

在现代风中，任何一种灯具的存在都有其道理。装饰灯不仅具有强大的实用功能，而且有装饰空间的作用。别小看这精微点缀，运用得当可以起到画龙点睛的效果。市场中有多种类型可供选择，例如小吊灯、落地灯、台灯、壁灯等。在原本就简洁的空间中，无论是餐桌上方的吊灯，还是沙发旁的落地灯，其造型和自身散发的光线，足以让空间充满魅力和仪式感。

▲餐厅中不同形式的灯具（图片来源：南也设计）

▲沙发旁边放置落地灯（图片来源：白菜适家）

▲沙发旁边放置落地灯（图片来源：东己壤设计研究室）

　　卧室空间常常使用小吊灯和台灯来装饰，还能兼顾睡前阅读或起夜照明的功能。对于需要阅读或办公的地方，则需要放置一盏护眼的台灯。

▲卧室床头放置小吊灯（图片来源：南也设计）

▲卧室床头台灯和吊灯的组合（图片来源：南也设计）

　　壁灯因为款式精美且多样，常被用来作为墙面的装饰。传统的墙饰可能略显单调，嵌在墙面的壁灯则可以将功能和美感统一起来。

▲卧室床头巧设壁灯（图片来源：木卡工作室 / 南也设计）

## ↘ 无主灯设计

近几年，无主灯设计在装修市场上比较流行。无主灯设计顾名思义就是没有一盏特定的主灯照亮功能区空间，而是通过不同的灯光进行组合，让家居的光线变得富有层次。常见的形式是通过不同类型的灯具组合进行重点照明、辅助照明、装饰照明，运用多种形式满足家中不同场景的照明需求或氛围需要。无主灯最大的特点就是"见光不见灯"，这里的"不见灯"并非是完全看不见灯具，而是以光线为主，灯具为辅。

▲无主灯设计（图片来源：重庆岩居全案）

### 射灯、筒灯

无主灯的灯具中，必须要介绍射灯 *。射灯具有一定的光束角，通过重点照明的方式，让家中的主要区域或者重点软装部分达到聚焦视线的效果。常见的射灯光束角有 10°、15°、24°、36°、60°等，现在很多灯具品牌，根据自身的产品研发出不同光束角的灯光，以此更好地展示家具。

▲光束角 24°的射灯（图片来源：南也设计）

▲光束角 36°的射灯（图片来源：云行空间）

筒灯和射灯最大的区别是光束角的不同，射灯能使灯光达到聚焦的效果，而筒灯没有光束角，灯光为泛光形式。以前的筒灯表面多是一块平整的透光材质，而现在的筒灯基本上是用大于 60°的射灯来代替，这种方式最大的优点是让全屋的灯具在外观上达到统一。

▲光束角 24°的射灯（图片来源：南也设计）

▲光束角 24°的射灯（图片来源：南也设计）

*射灯的样式：嵌入式射灯、预埋式石膏射灯、明装式射灯

## 嵌入式射灯

现代风中，我们常在吊顶区域使用嵌入式射灯。为了搭配石膏板和面漆工艺制作的整体吊顶更加美观，以前的射灯灯杯外环大多有一圈较宽的边缘，而现在的灯环外环宽度仅有几毫米，这就是我们常说的极简嵌入式射灯。

▲嵌入式射灯（图片来源：东己壤设计研究室）　　▲嵌入式射灯（图片来源：南也设计）

## 预埋式石膏射灯

近几年，设计师和业主为了达到现代风中的"极简"理念设计，开始使用预埋式石膏射灯。这种射灯在木工吊顶阶段就需要预埋灯具的灯杯。预埋式石膏射灯的灯杯和我们常见的金属灯杯不同，它由石膏制成，在后期刮腻子、刷天花板同款面漆后，再装入发光的灯体。在外观上做到让灯具和吊顶衔接得天衣无缝，只留下一个发光的灯体空洞，给人无限的遐想空间。

预埋式石膏射灯除了灯杯和常规的不同，其他诸如光束角、防眩功能等都能达到和嵌入式射灯相同效果。

## 明装式射灯

对于房屋净高有限或者不想吊顶，同时喜欢无主灯效果的业主来说，明装式射灯无疑是最好的选择。无需吊顶和开孔，只要根据点位预理电源线、安装明灯射灯，就能轻松达到无主灯的满意效果。明装射灯的款式非常时尚简洁，可选择圆形、方形和多个灯具的组合形式，这种把灯具露出的方式也很具特色。

▲明装式射灯（图片来源：白菜适家）

▲明装式射灯（图片来源：玖雅设计）

## 轨道灯、磁吸灯

轨道灯由明轨道和轨道射灯组成，用一条或者多条导轨组合而成。我们常常在商场或者一些公共空间里见到轨道灯，这种灯具可以根据室内的陈列或者家具位置的变化来调整灯光的位置。灯具卡在轨道中，通过轨道中的导电体来发光。由于明装的轨道比较明显，且灯具的类型比较单一，所有灯具的变压器都在轨道上，灯体也略大，故市场上进而开始涌现磁吸灯。

▲轨道灯（图片来源：亚町设计）

磁吸灯和轨道灯在形式上相似，都采用轨道和灯具组合的形式。磁吸灯主要是通过磁力和卡扣来固定灯具，优势在于其轨道也能做预埋式设计，隐藏在吊顶内。因为变压器为一体式或预埋式，这一改变，让磁吸灯的灯具看起来更加轻盈和简约。磁吸灯灯具的类型比起普通轨道灯灯具更多样，比如有角度的射灯、格栅灯、泛光灯等，可以根据不同需求在同一条轨道上组合不同的灯具。轨道灯和磁吸灯还有在安全性上的区别，轨道灯属于高压灯具，而磁吸灯属于低压灯具，虽然都在很少触摸的吊顶轨道上，但是在替换灯具的时候，相对于轨道灯，磁吸灯更有安全保障。

▲磁吸轨道、格栅灯组合（图片来源：南也设计）

▲磁吸轨道、吊灯组合（图片来源：南也设计）

## 灯带

提到灯带，脑海中是不是浮现出五颜六色、陈旧过时的灯光闪烁不停的场景？在现代风的无主灯照明设计中，灯带并非只用来提高房间的亮度，它散发出隐隐约约的光线，有着缓和人眼的视觉感受、调节空间的气氛、塑造视觉焦点等作用。

在现代风的装修中，我们可以将普通的灯带放在吊顶中，通过漫反射或者"洗墙"的方式来增加空间的层次感。灯带也可以用来做墙面和顶面的造型，特别是一些预埋式的灯带可以达到非常细致、美观的工艺效果。

▲灯光带来的"洗墙"效果（图片来源：南也设计）

▲室内灯带设计（图片来源：星瀚设计）

▲墙面造型灯带（图片来源：南也设计）

现代风柜子的造型普遍较为简约，这时候可以点缀一些专用的内嵌式灯带固定在家具上，让一些衣物的收纳和藏品、书籍的展示通过灯光渲染显得更有质感和韵味。

▲书柜中的灯带设计，使藏品更有层次感（图片来源：南也设计）

▲抬高柜体下方，增加灯带，营造悬浮感（图片来源：东己壤设计研究室）

▲浴室镜子设计灯带照明，照亮脸部轮廓，强调镜面半圆形状的设计感（图片来源：木卡工作室）

▲厨房吊柜设计灯带照明，便于操作（图片来源：木卡工作室）

## 无主灯的布置

1. 一定要注意灯光的布置方式，例如重点照明、辅助照明、功能照明、氛围照明等，不要像会议室顶部一般布置太多的灯具。

2. 购买灯具前务必提前计算光通量，每个人喜欢的亮度不同，业主可根据房屋的色调和喜好，选择合适的灯具亮度。如果把握不好，可以将灯具进行分组，实现多种亮度的需要。

3. 灯光的色温常分为6000 K（冷光）、4000 K（中性光）、3000 K（暖光）这三种，为了让灯光的层次感更明显，建议根据不同空间或者灯具类型，使用不同色温的灯光。

4. 如果希望更直观、易上手，可以用下面的灯光选择方式：

①客厅和卧室主照明选用4000 K的中性光，厨房和卫生间的主照明可以用6000K或4000K的色温。

②氛围灯光选择3000 K的色温。

③装饰灯光选择3000 K或2700 K的色温。

5. 购买嵌入式射灯的时候一定要提前预留充足的吊顶空间，特别是深度防眩的灯具，对吊顶空间会有特殊要求，我们需提前与设计、施工人员进行沟通。

6. 对于低压灯带或者其他需要变压器的灯具，需提前预留变压器的安装和检修位置。

7. 购买时看准商家的产品合格证、质保时间等。内嵌或者预埋的灯具，安装前需要进行测试，避免后期检修的烦琐。

8. 若条件允许，可让专业的灯光设计师进行灯光设计和灯具搭配，减少因无经验造成入住后不舒适的情况。

▲重点照明和辅助照明（图片来源：南也设计）

▲灯具较多的情况下，要分组明确（图片来源：南也设计）

# 暖通设备如何选

"你在南方的艳阳里大雪纷飞，我在北方的寒夜里四季如春。"一首民谣歌曲，直观地表达了南北方气候的差异和人工调温的便捷性。

南方的小伙伴经常羡慕北方冬季有市政供暖系统，冬天可以在屋内穿着短袖吃雪糕。随着近几年各种极端天气的出现，人们对舒适生活的需求越来越高，各种调节温度的设备也成为生活中的必需。

北方的采暖，主要分为市政供暖和自行安装锅炉进行采暖。传统的老房子通过市政供暖管道系统连接家中的暖气片，从而满足全屋的采暖需求。近几年新建的商品房中，很多住宅不再用暖气片进行散热，而是选用地暖，即装修初期在地面进行盘管，起到使全屋的暖气发散均匀、体感更加舒适的作用。

南方的采暖方式和北方一样，要么用暖气片，要么在地下盘管，或者通过专用的电热传导系统进行采暖，比如电热木地板。只是南方没有市政供暖系统，无论选用哪一种方式，都需要自行购买加热设备，比如燃气锅炉，通过给水进行加热循环，到达空间中的每个散热末端，从而进行采暖。

不同的采暖方式对地面的处理，乃至对房屋空间净高的处理提出了不一样的要求。

## ↘ 暖气片

暖气片具有升温快、安装相对简单、便于维修和更换的优点，最重要的一点是对净高没有影响。但其最大的缺点莫过于需要安装在墙面，对墙面的美观度有很大的影响。如果是安装在房屋中显眼的地方，那么它看起来会格格不入。所以一定要注意，选购造型美观或者与空间气质匹配的暖气片很重要。在无法选择外观的情况下，不妨用一个带网格或者百叶的柜体，把暖气片藏起来，达到视觉上的美化处理。

▲暖气片安装效果图

## ↘ 地暖设备

　　常见的地暖安装方式是先在地面铺设热水循环管，再进行回填，最后铺贴地面材质。随着科技的进步，出现了各类便捷性地暖产品，比如电热地板或者石墨烯电热模块。地暖的好处在于全屋恒温、散热均匀，且不占墙面空间，缺点是会占用空间净高。普通住宅净高往往在 2.85 m 左右。如果铺设地砖或者木地板，则会占用 5 cm 的净高空间，但是铺设地暖后再贴地砖或铺木地板（特指盘管形式的地暖设备，以下同），占用空间的净高往往在 7 ~ 10 cm，对于净高低于 2.85 m 还需要做全屋吊顶（内嵌无主灯）的房间而言，无疑会造成空间的损失。

▲燃气壁挂炉

地暖盘管的方式近几年也有了更新换代，对盘管保温层以及回填的方式进行了较大的改良，比如使用蘑菇钉式的地暖铺设方式，可以让地面铺装后的厚度在 7 cm 左右，仅比普通铺装高 2 cm。用 2 cm 的高度换来全屋的舒适，这一点是值得的。

▲暖气管道铺设在保温层内

## ↘ 空调

无论是南方还是北方，许多业主为家里添置的第一件电器大多会是空调。空调是用人工手段对建筑物内的温度、湿度等进行调节和控制的设备。对于大部分家庭而言，空调最大的作用就是制冷降温。

面对市面上具备各种功能、令人眼花缭乱的空调，例如中央空调、风管机（隐藏式空调）、壁挂式空调（挂机）、立柜式空调（柜机）等，价格在几千到几万甚至十几万以上，如何选择适合自己使用的空调？

1. 空间面积：首先需要明确空间的大小和制冷需求。如果全屋面积较大，可以选择中央空调，或者小多联风管机。为便于全屋的空调规划，这种选择在设计吊顶初期就需要与施工人员沟通，进行内外机安装。

2. 预算：像中央空调这类需要提前预埋的空调，价格往往比挂机和独立式空调略贵。如果是小户型且需控制低成本的话，可以考虑在空间局部（面积较大的客厅或者主卧）使用风管机，其他空间使用挂机。

3. 美观因素：立柜式或壁挂式空调，是将空调整体外露出来。尽管现在空调的外观设计都比较美观，许多业主还是希望空调能暗藏在吊顶内，达到视觉上的美观。

4. 外部因素：开发商在建设房屋的时候通常都会预留出空调外机的位置。有时候外机的位置会受限制，中央空调的外机如果过大，会导致无法安装，不得不拆分成两个或者多个主机的小多联风管机。

无论选择哪一种空调，最重要的是根据自身的实际情况进行分析决策。

当然，空调对空间的美观度影响也非常大，这里我们用中央空调内机的吊顶和出风、回风口为例子：中央空调的内机需要在木工吊顶之前安装在固定的位置，且后期不能随便移位。侧出风、下回风机位需要占据吊顶的局部空间，深度大约为 60cm，高度为 30cm。这样就会造成局部空间的吊顶高度降低。如果是侧出风、侧回风机位，则要保证两风口间的距离在 1m 以上，不然吹出去的风很容易被回风口吸回，效果大打折扣。下出风、下回风的空调机位则对吊顶的高度要求更高。

注意：中央空调大多需要一个分歧器，类似地暖的分集水箱原理，需要提前隐藏在吊顶里，所以在房屋装修初期一定要明确空调的选择，以方便后期设计以及施工流程阶段对吊顶的处理。

如果不装中央空调或者风管机，选择外露的空调会不会影响美观？管道会不会露出来？非也！许多有经验的业主对挂机的管道进行了巧妙优化，比如提前预埋空调铜管和插座的位置，装上内机后，整个墙面都会显得简约精致。

▲空调挂机安置于墙上

▲中央空调内机藏在吊顶内

▲立式空调（柜机式）

专栏

暗藏式空调内机的出风口、回风口是否要做加长？可根据实际装修的情况而定。但是现代风中，为了追求极简效果，设计师和业主在空调风口上下足了功夫。

传统的风口是 PVC 材料网格形式。

现代风中常用的是线性风口，线条干净利落，材质可选性强，形式上也多样，大致分为窄边框外装风口、窄边框内风口、无边框预埋式风口。一套极简风格的房屋往往都是依靠细节打动人心的。

空调风口使用暗藏式

普通网格出风口

加长线性出风口

**要点 2**

# 新风系统如何选

健康舒适的生活方式越来越深入人心，特别是现代城市空气污染严重，即使"宅"在家中，很多业主也希望能够拥有新鲜的空气。这时候如果可以安装中央新风系统，会有效提升居住的舒适感。

中央新风系统的换气功能不仅能排去污浊的空气，而且具有除臭、除尘、排湿、调节室温的作用。中央新风的传输方式采用置换式，而非空调气体的内循环原理和新旧气体混合的方法。

新风系统由主机和各个空间的末端出风、回风组成。在装修的过程中，这些设备以及管道会直接影响顶面的造型。

常见的行风管道是通过软管放置在吊顶上，由于新风管道的孔径较大，受建筑结构本身的影响，管道会穿过顶部的梁。此时在梁上打孔，一定要考虑安全性，不可违规操作，从而给居住带来安全隐患。如果无法在建筑的梁上开孔，则尽可能采用梁下走管的方式解决。新风的出风口和回风口通常在吊顶中才有专用的风口形式，或者可以跟随中央空调的风口隐藏在吊顶内。

▲新风系统布置管线

▲新风走顶部布管方式

▲新风出风、回风口和空调出风口统一暗藏于吊顶内

　　许多业主家中净高有限，且楼板上梁较多，如果需要安装新风系统，可以采用"走地"的方式进行安装，这种方式往往是在顶部很难实现安装的情况下而采取的措施。走地的新风管道为了尽可能减少对净高的影响，通常采用扁管的形式，但进风、回风的流量也会受到一定的影响。

　　当然，如果走顶没有条件，走地又担心效果，不妨使用灵活性较强的可移动空气净化器，可以根据空间的需要随意摆放，造价成本低，还不用担心检修的麻烦。

　　如果需要营造冬暖夏凉的舒适感，除了家中的硬装、软装以外，暖通设备的选择也是必不可少的一方面。我们可以用科技的手段，以更高效和节能的方式为品质生活保驾护航！

第四章 案例解析

# 小拆小改，78 m²空间的动线优化与放大术

空间设计及图片提供：玖雅设计

# 基本信息

## 住宅信息

**使用面积：** 78 m²

**设计性质：** 旧房改造

**房屋类型：** 三室两厅

**关键词：** 白色原木、拱门、明装无主灯

原始户型图

## 改造亮点

**1** 压缩儿童房的面积，增加公共区的淋浴房功能，卫浴空间内做好干湿分离。

**2** 沙发由原来的左侧放置变成了右侧，优化入户动线。

**3** 改变次卧房门的位置，让次卧可有整面墙摆放衣柜。

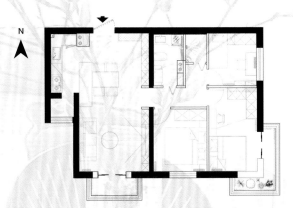

改造后平面布局图

## ↘ 运用留白塑造住宅自然呼吸感

为了让整个空间显得干净通透，设计师使用了大量的白色，打造视觉上留白的效果，包括白色的墙面、白色的家具柜门等。在大面积的白色背景下，又加入原木元素，使得留白的底色中自有一种轻松自然的呼吸感，这样的点缀方式恰到好处，与想要营造的风格相辅相成。

▲设计师运用大量留白赋予空间呼吸感，为业主带来归家后的松弛与舒适，简约自然的风格营造出大气而随性的生活氛围

## ↘ 拱门和曲线设计，打破空间中的常规几何形状

　　这几年，拱门的造型元素可谓席卷整个家居设计行业。人们喜欢这样带有柔和特性的元素，一方面是为了打破常规户型中固有的几何方正线条，另一方面是因为这种弧形的出现往往会成为全屋的一大亮点。

　　在此案例中，设计师特意加入了弧形门洞和拱形垭口。无论是拱门的"正弧形"还是镜子的不规则曲线，元素之间的相互关联，既是亮点也构成呼应。

▶▼柔和的拱门与不规则曲线形状的镜子，元素相互关联又相互呼应。过道空间与储物功能相结合，提升了空间利用率，既美观又实用

## ↘ 巧用定制家具，增加实用功能，延伸空间尺度

一组定制柜完美解决了储物需求。柜体左边为展示格，右边为一组整体柜体，中间镂空并嵌入随手物品格。整组柜体以随手物品格为视觉中心，分左右和上下两部分：左右两侧吊挂长衣，下柜摆放鞋子，上柜实现储物功能。

电视柜储物功能十分突出，但能够隐于无形。主要得益于其将储物空间内嵌到了实用的柜体之内，连同空调也一起放进了柜体。提升实用功能的同时，视觉上也更加美观。

左右两侧挂长衣，下柜放鞋子，上柜储物。与电视背景墙在同侧进行衔接，视觉上延伸了空间尺度。中间做矩形镂空处理，增加景深效果。整体浅色的家具给人纯净、简洁之感

▼储物柜没有多余的装饰，将颜色与周围的环境有机融合。在这个有限的背景墙中，设计实用柜体，内嵌丰富的储物空间，隐于无形的同时增加了使用的空间与功能

将岛台嵌入墙体，从视觉上把厨房和客厅这两个看似不相关的空间结合到了一起，不仅让整个动线更加流畅，而且可以化零为整，将公共区的几个重要的功能空间串联在一起。

餐桌使用亚克力桌腿，透明的材质好似让餐桌板"悬浮"起来。设计师在设计上使用"减法"：若餐桌的下面有很多腿，在视觉上势必会显得杂乱，刻意地"隐藏"掉较为显眼的餐桌腿，特别是对于简约的设计风格而言，不失为一种讨巧的手法。餐椅同样选择"小细腿"样式，营造脚下不凌乱的空间感。

▶ "小细腿"设计让餐椅在空间中呈现悬浮之感，同时减少千篇一律的餐桌设计，使用亚克力桌腿不仅让空间更显干净和清爽，而且可以减少后期生活用品摆放后的杂乱之感

▲优化生活动线，充分利用嵌入式做法的优势，摒除传统的硬隔断，从而弱化不同功能分割区域，进行相邻空间整合串联

## ↘ 明装无主灯，氛围感与时尚感 同时满足

很多业主既喜欢无主灯设计带来的氛围感，又担心房屋的净高不够，那么就可以采用本案例中的这种明装无主灯的方式来解决：定点射灯＋灵活的轨道灯＋固定装饰吊灯，可以根据不同的场景使用不同的灯光照明。

▶▼无主灯设计使得整个空间清爽、简洁，用一些射灯和装饰性的吊灯相互呼应，强化设计感，又点亮了温馨的家

## ↘ 空间设计灵动，感受不设限的自由空间

　　地台床可以很明确地进行区域划分，又扩大了传统意义上的床体面积。业主在上面可以很舒服地靠窗读书，也可以倒头便睡，仿佛这些行为都沉浸在床体打造的休闲氛围中，带来独特又舒适的体验。

▲地台床的设计解决了成品床体厚重且遮挡视线的问题，在一定程度上延伸卧室视觉效果，床头简洁的线条设计让卧室空间沉静而舒适

　　两间相对较小的卧室，通过强大的定制柜体，满足了不同家庭成员的休息需求。卧室整体延续公共区的色调，同时在家具局部点缀跳色。

▲卧室面积较小，将内凹的储物柜与床头柜结合。设色清新淡雅，减少房间面积较小的劣势带给住户的压抑之感，悬空桌的设计也为后期物品收纳预留空间

案例
2

# 低饱和度的浪漫，小空间里的视觉层次

空间设计及图片提供：玖雅设计

# 基本信息

## 住宅信息

**使用面积：** 68 m²

**设计性质：** 毛坯房

**房屋类型：** 两室两厅

**关键词：** 简约、复古

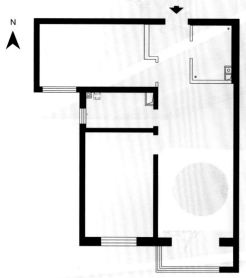

原始户型图

## 改造亮点

**1** 压缩次卧的面积，形成入户门厅。

**2** 洗衣房设置在进门处。

**3** 客厅摆放 L 形定制柜，兼顾了餐边柜和电视柜的功能。

改造后平面布局图

## ↘ 优化局部空间，为生活释放多种可能

通过压缩次卧面积得到的入户门厅，可以承担半个衣帽间的角色，出门时在门口搭配衣物，回家后在门口更换睡衣，为生活起居提供了便利。入户处设计了小鱼投影灯，增加空间的趣味性。

整个柜体通过门板和柜体的拼色设计，界定储物柜与展示柜之间的功能关系，让空间有了视觉落脚点，突出视觉的层次感。

▶减少使用频率较低的次卧面积，增加入户门厅空间，设计悬空换鞋凳与柜体，一家人进出家门时的衣物收纳问题全部解决，同时优化了进门动线

▲整面收纳柜体做拼色设计，原木色带给人亲切与温暖的感受，人坐在沙发上休息时，暖意扑面而来。收纳空间大大增加，物品不再摆放在外，整体更加整洁有序

客餐厅设计一组 L 形定制柜，兼顾了餐边柜和电视柜的功能。这组满墙定制柜虽有 6 m 多长，但没有给居住者带来压迫感，反而可以增强客餐厅的纵深感。

▲▶纵深感满墙的定制柜设计，拉长空间，视觉上扩大房间横向面积

## ↘ 复古风格软装，更显居者文艺气质

　　在硬装设计上，设计师使用了低饱和度的大地色系的乳胶漆和人字拼木地板。而在软装设计上，则巧妙使用藤编椅、丝绒布艺，用这种体现细节的复古材料，在简约的空间中营造一丝岁月感带来的平静的空间氛围。

　　美式沙发给客厅带来了稳重感，橘色与米色拼接的窗帘给空间带来亮点，不规则的客厅主灯呼应着地面上不规则的茶几。风格各异的单品，在这个空间中非但不显凌乱，反而有一种混搭的美感。

▲▶木地板、椅子、竖百叶窗……硬装与软装的组合混搭，再搭配低饱和度的橘色、木色、大地色，营造出空间中的浪漫氛围

## ↘　卧室床头做不对称摆放设计，实现功能最大化

主卧一侧的床头柜是由衣柜延伸出来的梳妆台，空间得以充分利用。通过颜色的不同和竖向台面摆放方向的不同，让原本单调的衣柜在视觉上有了突破的端口，也能增加不同形式的储物功能。

▶▼黑色＋暖灰＋大地色的三种颜色层次变化，如同一幅中国山水画般，颜色由近及远逐渐减淡，令人倍感空远与静谧。无主灯设计的加入，搭配空间内整体色调交相辉映，让业主回到家后在视觉上得到放松

另外一个独立的藤编床头柜与客厅整体的复古元素呼应。这种看似两边不对称的床头关系，通过一盏吊灯来平衡梳妆台的竖向设计，可以达到视觉的焦点平衡。

▶与另一侧梳妆台的材质截然不同，床头柜选择了坦露原生肌理与材质的藤编，这改变了传统卧室选择对称床头柜的刻板印象，不仅符合现代装饰风格审美，而且体现出业主不俗的艺术品位

次卧可供亲友临时居住，平时作为业主的工作空间。虽然被门厅压缩了一部分面积，但通过巧妙设计的定制柜体，还具备了家庭储物空间的功能。在次卧同样采用不同的颜色和横向台面组合的形式，使得主卧与次卧达到"形断意不断"的形式美。

▶次卧的整体设计偏向传统榻榻米风格，由于面积较小，设计师设计了定制柜体。储物柜与悬空桌相互穿插，与主卧设计风格既统一又体现出一定变化，处处可见业主对收纳储物功能的重视与对细节的把控

案例
3

# 108 m² 打 造 浩 瀚星河，与老人 共居的理想宅

空间设计及图片提供：启物空间设计

# 基本信息

## 住宅信息

**使用面积：** 108 m²
**设计性质：** 旧房改造
**房屋类型：** 三室两厅
**关键词：** 浪漫星空、自然形态

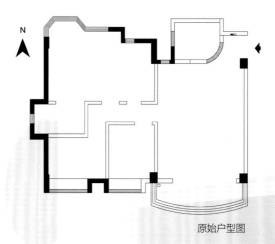

原始户型图

## 改造亮点

**1** 拆除玄关的弧形墙角，厨房设置成 U 形布局。

**2** 压缩主卧和卫生间的空间，增加公共区域内摆放冰箱与轻食台的位置。

**3** 休闲区域的电视墙不仅具有收纳功能，而且融入个人设计理念，兼具实用与美观。

**4** 老人房与儿童房的收纳由轻质薄墙相互借位实现独立功能。

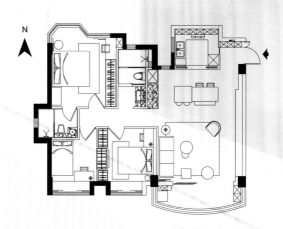

改造后平面布局图

## ↘ 点睛之笔，纯白中的一抹蓝

设计师在遵循现代北欧风格柔和有机的自然形态的基础上，对硬装结构细节也处理考究，注重空间与空间之间的联系。

电视背景墙的仪式感由特别设计的镂空层板传递至入门玄关。天花吊顶的格栅板延伸至墙面，实现形式相同、材质不同的功能区的呈现与呼应。种种细节都在简单的形式上赋予了更深层次的审美效果。

▲以"星空"为主题，将星辰大海的蔚蓝和无形的浩瀚意象留在家中

蓝色作为空间中重要的主题点缀色，在设计中以不同的形式出现，例如在客厅电视墙一侧的柜子旁吊挂的蓝色星球墙饰灯。摒弃华丽的造型和纹样，木纹点缀的白色端景墙好似一幅"星空"油布画，搭配宇航员摆件。空间诠释了形式以外的浪漫情趣：简单、包容、辽阔、治愈……实用主义的"少即是多"，给予居住者一个在纷繁的现实之外的更丰富的精神世界。

为了关联主题且平衡视觉美感，沙发背后的墙面吊挂了一幅由点、线、面构成的蓝色抽象装饰画。

▲白色为底，一抹跳跃的蓝色成为空间亮点，沉静与活跃相生相应、和谐共存，为空间打造惬意美好的生活氛围

## ↘ 灵活的布局设计，实用中带来美好享受

在这个案例中，我们既能看到各类美学元素，又能察觉到设计师在使用功能以及收纳功能上的用心之处。

在进门玄关与厨房相邻的白色隔墙处设计了一扇拱形窗洞，长虹玻璃呈现出流动且不确定的光影效果，给予这片白墙生命力和灵动气息。

悬空柜体离地面 15 cm。旁边设计洞洞板，板高 1.6 m，刚好适合成年人随手挂取物品，下半部分留给小朋友，引导他们养成整洁收纳的好习惯。

▲温馨有趣的光线是营造入户氛围的重要方式。换鞋处设计洞洞板，打造收纳空间，方便拿取出门随身用品以及从小培养孩子的入户卫生意识

　　厨房实现了中西厨的功能。外置双开门冰箱释放了有限的厨房储物空间，与餐边柜一起打造轻食与烘焙区，合理、高效的生活动线让使用者和参与者能在烟火气中感受除味蕾以外的身心愉悦。

　　岛台发挥用餐功能时与餐桌一起的整体跨度达 2 m 多，可以实现多样化的用餐形式，满足更多家庭成员的用餐需求。

▲ 灵活的布局，既让藏起来的冰箱不突兀，又使业主在客厅内下厨的同时可以与家人互动

客厅与玄关也由延伸的白色收纳背景相连接。长约 5 m 的电视背景墙，具有实用的收纳功能，而结构均衡的设计亦为业主带来美的享受。

借由结构和功能形式的留白处理，空间的连接性和视觉的延伸感得以实现，每一个角度都能有不一样的美感和韵味。

►▼入户玄关处的收纳也不容忽视，与现代感的留白相组合，设计与实用兼具

## ↘ 安抚情绪，巧用颜色打造静谧卧室

卧室延续蓝色主题，以半高的不规则艺术肌理材料作为床头背景装饰，竖向格栅和工艺缝丰富白色背景，搭配金属与石材穿插的线形壁灯，简约大气。

全屋装设 4cm 高的黑色平墙式踢脚线，可以弱化其存在，还可作为线形装饰连接不同角度的立面，使室内空间的风格更加和谐统一。床头的蓝色背景同样用了黑色边框做分割。

▲蓝色主题贯穿卧室，床头墙体的深蓝色给人以安全感

▲墙面用舒适的比例进行横竖分割，灵动的细节设计即使居住多年也不会觉得过时

老人房由沉稳的灰色营造出简约素雅的氛围，房间虽小，但井然有序。把床靠墙，更可以保证长辈的睡眠安全。床头吊挂不对称的小幅人物插画，增添活泼趣味。

▶ 适宜长辈的简约灰色系硬装，配以蓝白色与木色的些许软装点缀

灵活多变的儿童房以冰川灰和藕粉色做中性拼色，以适应未来更长远的成长环境。床的长度可自由伸缩，床架可以从 1 m 伸长至 2 m。孩子尚小时，可以做小号单人床；孩子长大或者未来打算生育二孩或三孩时，也可以作标准双人床使用；儿童房还能兼作临时客房，平时可以将床收起来作为一处小憩用的卧榻。

▲ 抓住儿童的年龄特点，选用明亮的色彩，设计收放自如的大抽屉用来储物，方寸之间成就孩子玩耍与成长的小世界。简约的设计适配多种装修风格，孩童长大后也可根据自己的喜好进行换装

案例
4

# 双重洄游路线，138 m² 诠释两人两猫的生活观

空间设计及图片提供：成都拾光悠然设计

# 基本信息

## 住宅信息

**使用面积：** 138 m²

**设计性质：** 毛坯房

**房屋类型：** 三室两厅

**关键词：** 洄游动线、可变空间

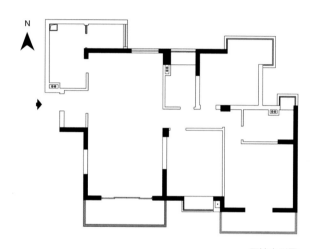

原始户型图

## 改造亮点

**1** 双重洄游动线，串联起玄关、厨房、餐厅、客厅、书房等空间。

**2** 将书房与客厅连为整体，书桌一侧加装轮子，能够随意变换书桌的方位，实现空间灵活转换。

**3** 增加餐厅的屏障，改变入户动线。

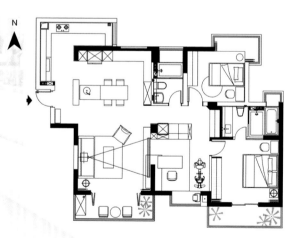

改造后平面布局图

## ↘ 双路径入户，第一条洄游动线的人性化设计

经过空间布局的改造，设计师设计出家中的第一条洄游动线，以"入户—玄关—厨房""入户—玄关—客厅"的双路径入户，让业主在进屋后能够更直接地前往厨房或客厅，提升生活的便利性。

同时还在入户处设置沉降区域，避免鞋子上的尘土进入家中。为保证私密性，以一个悬空的柜体阻挡从入户处向里看的视线，在提升空间利用效率的同时，更丰富空间层次。

▲为保证入户私密性与室内卫生，设计师设计了悬空柜体和沉降区

中西双厨的设计并不只是增加面积和使用功能，业主离开厨房的动线后，每一样厨电在哪儿更为方便好用，也是厨房设计的考虑目标。

在原本的餐厅空间内增加了西厨功能，白色＋原木色的柜体奠定了简约自然的基调，也使得大面积的西厨柜体不会增加空间的压抑感。

▶▼选择纹理清晰的原木色与白色，不同颜色的使用从视觉上划分空间，展现业主对空间的细腻表达和对生活品质的追求

　　根据业主的使用习惯，柜体以抽屉为主，让自己在家下厨得心应手。这样的需求，无形之中也体现出业主在生活中积累的智慧。

　　原始的厨房面积不大，设计师将餐厨空间进行了优化。将厨房与餐厅两个空间融合起来，重新划分中厨、西厨、餐厅区域。

▶用抽屉代替传统柜体，合理的高度省去弯腰取物的麻烦，更加方便

▼利用餐桌将厨房和客厅区域进行划分，并重新组织了动线，使其更加合理、便捷

## ↘ 突出互动感，打造第二条洄游动线

将书房改为开放式格局，在书房与过道之间设计了多功能组合柜，由此"客厅—过道—书房"构成家中第二条洄游动线。

互动感是整个公共区的重点突破方向之一。从西厨餐厅区能够直接看到客厅，书房与客厅相连使得空间之间也能形成直接的交流。由此，不论身处公共区的哪一位置，业主都能进行无障碍互动交流。将休闲阳台并入客厅，为客厅获取更大的空间，能够让业主摆放自己喜欢的植物，在家里也可以获得户外休闲的体验感。

▼将书房与客厅连通，特意定制的书桌，一侧靠柜体支撑，一侧安装带有轮子的桌腿，让书桌也能够根据业主的想法改变办公角度

▲互动感在家中十分重要，房间的连通、各个功能空间的互相交流、家具的灵活变化，让业主每走一步都有豁然开朗的惊喜

## ↘ 温馨的家，可以容纳生活中的小确幸

家是生活的容器，家中的每一件东西都和业主之间有紧密的联系。

在这个家中不难看出，无论是植物还是动物，乃至家中的每一盏灯都融入了这个森林般的小木屋。

这是留白和自然在家里最适配的方式，不需要为了"搭调"而产生选择困难症，而是可以把每一件自己心爱的事物变成生活中的幸福点缀。

◀业主就餐时有追剧的习惯，于是设计师将电视屏幕对准餐厅区域。线条简洁的现代主义风格餐椅将空间点缀得极为时尚

## ↘ 私密空间中的极简气息

　　整体洄游动线中，设计师将主卧作为一个独立而私密的空间，优化原始卧室与主卫的门洞位置，提升了主卧空间的舒适性。

　　床头的墙面设计，改变传统下凸顶凹的造型，采用顶面墙体突出、木饰面内嵌的结构，让背景造型散发出极简气息。灰色调的窗帘搭配深浅不同的亚麻灰床品，让卧室在理性中增添了一丝感性的韵味。

▲主卧完美体现了现代极简气质，木、麻元素搭配简约的线条，既朴素而蕴含深意，又提升了整体空间的艺术感，窗外的绿植显得灵动而美好，为空间增添了一抹活力

墙排式的坐便器与悬挂的盥洗台均使用素净的瓷砖，让整个卫生间简洁整齐，日常使用和清洁时给业主节省许多时间。

▶墙排式坐便器规避了传统式卫生间布局的死角问题，更易清洁

即使在这样的小空间中，浴室柜的收纳也做到了分类有序。左侧上方的长条抽屉可放日常用品，下方柜体收纳卫浴的各种用品或清洁用品。右侧放置大小不一的收纳筐，不仅可放置梳妆小物，而且可临时放置换洗衣物。带盖的设计可阻隔水汽，在风格上也与整体设计实现统一。

▶悬挂的盥洗台同样易于业主在繁忙的生活中节省清洁时间，盥洗台下方设计美观的柜体，在较小的空间中满足了实现视觉轻盈感和储物需要的双重功能

# 老房华丽转身，两娃之家的温暖港湾

空间设计及图片提供：亚町设计

# 基本信息

## 住宅信息

**使用面积：** 137 m²
**设计性质：** 精装房改造
**房屋类型：** 四室两厅
**关键词：** 亲子时光、可变空间

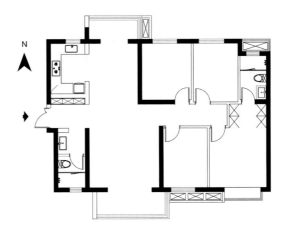

原始户型图

## 改造亮点

**1** 客厅没有电视和茶几，更显宽敞。

**2** 两孩家庭，设计大面积的收纳空间。

**3** 实现收纳功能的儿童房，形式变化多样。

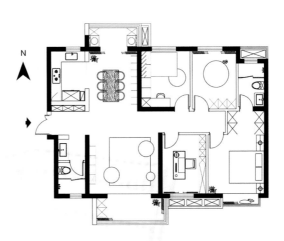

改造后平面布局图

## ↘ 孩子的健康成长，是业主最在乎的事

　　这位有两个孩子的业主理想中的家，是能够让姐弟俩在家里玩得开心，留下美好的童年记忆的地方。业主也不需要担心孩子们长大后，这个房子是否会面临尴尬的处境。

　　他们希望这个家能够为姐弟俩提供温暖欢乐的成长氛围，有更多让家人可以相处的场景，尤其是陪伴小朋友玩耍和学习的空间。

　　当然，他们更希望拥有有序的收纳空间，不但可以收整家中凌乱的物品，而且可以引导小朋友养成良好的行为习惯。

▲房子形状的电视背景墙增添温馨感，让孩童在潜移默化中有了家的概念。去掉了原本摆放电视的功能，留给孩子们足够的活动空间进行游戏和成长。整面墙的收纳空间，能将两个孩子的成长用品全部收入其中

## ↘ 父母是孩子最好老师，家是最好的陪伴场所

设计师总结业主的生活习惯后，只在家中放置模块式的沙发，没有设置茶几，也没有摆放电视。

餐厅中的大餐桌与餐椅构成了一个围合的空间，不仅是一家人一起就餐的地方，而且是业主夫妻二人共同学习工作的地方。在业主的熏陶下，两个小朋友也自发加入了他们，他们现在经常在这里辅导小朋友们的功课。

想象晚餐后，夕阳余晖透过纱帘洒在桌子上，一家人围坐在桌子前认真工作和学习的场景。父母的言传身教是孩子最好的老师，家也成为陪伴孩子的幸福场所。

▶客厅没有摆放茶几和电视，活动空间变得十分宽敞

大餐桌兼具用餐与学习之用，业主在工作时，孩子会被环境影响养成良好的习惯，在热爱学习的家庭氛围中，增进家人之间的感情

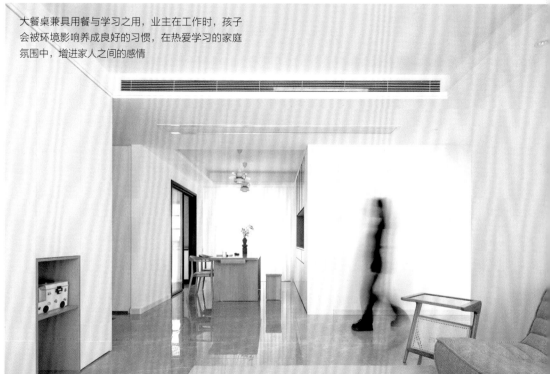

## ↘ 多功能融合的空间，童趣和收纳同样重要

在极简风格设计中，特别是有孩子的家庭，需要非常注重收纳功能，除了满足日常的生活用品收纳，还需要充分考虑小朋友不断成长所需用品的收纳问题。

在此案例中，设计师无论在公共区还是卧室，都加入了许多可变更的收纳柜。延续客厅电视背景墙的形状，在充满孩童特色的空间同样做此设计，使用可收折的床，这些设计亮点皆可满足在不同使用情况下的场景变化。

在儿童房中，我们看不到绝对的成人化设计元素，也没有被童话元素的天真浪漫所羁绊，设计师很好地处理了两个世界的融合和过渡。

▲孩童在其中学会整理收纳以及如何利用空间

▲灵活的墨菲床让一间卧室兼具睡眠与娱乐的功能。纯白色墙面搭配点缀的玩具，与传统设计中斑斓的明艳色彩相比，现代风的高级感留白使学生阶段的孩子更易培养专注力

## ↘ 卧室个性化设计，利用照明打造家的模样

在主卧，在满足成人睡眠需求的同时，设计师特别考虑到幼龄儿童和父母之间的依赖关系。

主卧设计地台床，恰当的高度是为了让小朋友可以坐在床边玩耍。睡前温馨的陪读时刻，让一家人能够在柔情中安然入睡。

主卧温暖的灯光设计，让空间更柔和。充满松弛感和安全感的家，才可以让人卸下防备，安放疲惫的心灵。

▶考虑孩童和父母关系，设计师进行了个性化设计，温柔的灯光，极简的卧室，这就是家的模样

案例
6

夫妻二人"居
心地",住进
绿野仙踪

空间设计及图片提供：研己设计

# 基本信息

## 住宅信息

**使用面积：** 128 m²

**设计性质：** 毛坯房

**房屋类型：** 三室两厅

**关键词：** 模糊空间、多彩、舒适与浪漫

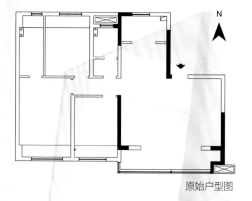

原始户型图

## 改造亮点

**1** 横向客厅的开阔布局，将休闲娱乐和阅读空间一体化。

**2** 衣柜借用次卧面积，主卧形成套间形式。

**3** 采用开放式厨房，模糊餐厨空间。

改造后平面布局图

## ↘ 开放式布局，实现办公、娱乐一体化

　　业主是一对追求浪漫的夫妻，虽然孩子、工作和家庭的琐事让生活变得浮躁、忙碌，但是他们仍然希望可以拥有一个逃离繁杂、琐碎，重新调整自己的清净之地。

▲将空间打通，实现集多种功能于一体的布局设计，空间不再单调呆板

　　设计师在公共区的布局上，通过沙发和书桌相靠的布置方法，实现业主将休闲娱乐与办公一体化的需求。

▲直线与曲线结合，配色清朗协调

为了实现硬装在视觉上的清朗感，地面采用木地板直木通铺，墙顶同色，艺术漆结合乳胶漆，打造出微妙的材质与光影的质感。设计师擅用直线与曲线的堆叠，通过层次的变换，营造一种装饰主义风格的浪漫。

书桌背后设计的一组嵌入式悬浮柜体，拥有强大的收纳能力，储存家中的琐碎杂物。百叶烤漆柜门与加长的黑色出风口搭配，保证空间颜色的整体性。

◀▼拱门造型实现框景效果，悬浮柜体打造收纳空间。白与黑交替出现，整个房间氛围沉静而和谐

## ↘ 模糊餐厨区域边界，合理规划动线

餐厅位于入户右侧，为避免封闭空间带来的压抑感，将餐厨空间完全开放，顶部通过横梁，地面通过花砖区分功能区，但在人眼的视线高度的空间边界模糊而开阔。

厨房采用U形布局，让"取一洗一备一炒一盛"顺畅完成。冰箱、烤箱等家电统一嵌入黑色柜体，用黑色实现电器和家具在视觉上的消隐式设计。

设计师特意为女主人设计了一个卡座，便于男主人做饭时两人之间的交流与互动。卡座形式的餐椅与圆形的玻璃面餐桌，让餐厨的空间关系被重新定义。拱形结构整合零散空间。浴室与盥洗台被卡座遮挡，使位于动线交汇处的餐厅获得稳定感。

▲▼去掉墙面做开放式餐厅，大型电器隐藏起来的同时使用黑色来模糊厨房电器较多带来的杂乱感。U形布局让烹饪动线合理顺畅，不再手忙脚乱

## ↘ 色彩的搭配与冲突，实现装饰元素的浪漫组合

和客厅简约的风格不同，从卧室开始，浓烈的色彩成为视觉主导，让家拥有两种不同的风格体验。

在卧室设计中，因为业主喜欢绿色，设计师便利用乳胶漆和软包将一整面墙染上苔绿，搭配绿色的窗帘和床品，打造出"绿野仙踪"般浪漫的睡眠环境。

顶上的吊灯和床头壁灯皆为圆形，带来视觉上的统一感。白色玻璃灯罩与银色金属材质带来一抹明亮的色调，为这个森林秘境般的卧室增添更多生气与能量，从而避免深色带来的压抑感。

大红大绿在主卧套间碰撞，紧挨着的两个空间非但没有带来色彩上的冲突，反而在空间转换的时候，苔绿的幽静和焰红的浓烈让人产生时空变换的悸动。

选用水磨石、条形马赛克瓷砖进行半高墙的铺贴设计。材料之间的相互配合，让小空间也能蕴含精致与时髦。

◄▲卧室与客厅空间在颜色上的变化，带来视觉新鲜感，浓烈的色彩彰显出业主对生活的激情。加入些许软装点缀，让整个空间饱满而不凌乱

# 一室两厅，127 m² 的无界之家

空间设计及图片提供：研己设计

# 基本信息

## 住宅信息

**使用面积：** 127 m²

**设计性质：** 毛坯房

**房屋类型：** 一室两厅

**关键词：** 独居、户型和曲线、消失的边界

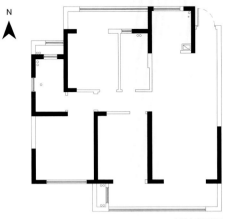

原始户型图

## 改造亮点

**1** 改三室为一室。

**2** 模糊所有空间的边界，形成自由行走的空间动线。

**3** 浴缸外置在公共区的阳台，打破固有的思维。

改造后平面布局图

## ↘ 空间设计自由柔和，兼顾居住功能与会客功能

　　这是把社交属性放在第一位的家，业主是两位自由职业者，创办了一家美术馆，他们希望居住的空间也如自身职业一般是开放而自由的。

　　设计师去掉多余的装饰与材质，拆除隔墙和门板，运用大量的弧形线条设计，让空间看起来没有边界，功能也不被固定，居住者可以随着自己最自在的方式，尽情游走在家中。

　　原户型的客餐厅经过一体化设计只保留客厅功能，大面积的曲线墙体和弧形造型，减少了生硬的感觉，体现女性化的柔美曲线。

　　开阔的空间和随意摆放的家居，让独居和会客时的行走更随意灵活，不受束缚。一个人在家的时候也能感受沐浴阳光的自然体验。

诠释开放而自由的设计理念，清除屏障，让业主穿梭于多种功能区之间。大面积的曲线减少了直角家具带来的凌厉感，简约的结构和舒适的感受兼具，表达出业主温和随性的自由职业者状态

## ↘ 色彩与材质个性搭配，活跃空间氛围

墙面、地面、房顶分别采用相同颜色的艺术漆、乳胶漆及微水泥，艺术漆和微水泥的肌理感在阳光下更显质感。利用微水泥墙地一体化的优点，让这个三维空间仿若折叠成二维平面，给业主带来被拥抱般的温暖与感受。

全屋采用低饱和度的肉粉色，点缀上亮眼的橙色，让柔和的空间中也有一抹视觉上的亮点，平静自由的氛围中呈现着对生活与未来的美好希望。

▲▼同色系空间整齐而纯净，光影下呈现的细微变化，尽是温柔

　　设计师根据业主需求，在阳台放置了浴缸，如此私人化的场景被大肆放置在会客区的阳台，比起水波温柔、日光强烈，业主内心对自由与个性的需求更让人惊叹。这一切不走寻常路的设计，在这个充满自由感的空间中似乎都合乎常理。

▲阳台区域摆放浴缸，尽情诠释"我的家我作主"的自由

## ↘ 模糊的边界，开放的布局，这是家的样子

餐厅是这个家的"交通枢纽"，比起单纯的就餐，这里更像是一个小型工作室，可以让业主与朋友们坐下来，打开笔记本电脑，翻开书籍，分享音乐……不规则形状的餐桌搭配蛋壳形椅背的餐椅，契合了空间的格调。白色的配色与柔和的圆角，让用餐区成为空间中美好的风景。

▲餐厅承载了不同时间下的不同用途，兼具实用性与美观性的设计为餐厅空间增色不少

卧室是休息放松的空间，床头不经意的转角呈现出的包裹姿态带来心理上的稳定感与安全感。虽强调简约柔和的基调，但在细节上依然可以体现出设计师的功底。设计师化繁为简地挖出两个壁龛，可供业主存放耳机、香薰等小物。壁龛的外形同样契合整体风格，显得并不突兀。床头靠背与墙面的颜色相同，而床品选择与之相近的柔粉色，在卧室这样的小空间中也有层次感的体现。

衣帽间一侧设置晾衣架、洗衣机和烘干区，衣物的晾晒和清洗都十分方便。

这间屋子只存放业主的当季服装，所以设置挂杆来解决衣物、配件的挂放问题。

每个特定的空间都为业主的需求而服务，在这样的空间恣意放松，心灵得到滋养，自由得到释放。柔和的曲线与消失的边界，让生活充满多种可能！

▲床头转角带来安全感，另一侧不对称壁龛内放置随手小物，满足实用和心理的双重需求

▲生活衣物区简单干净，无衣柜设计，用极简和留白为人生做"减法"

案例

## 8

# 空间重塑，借换空间

空间设计及图片提供：云行空间

# 基本信息

## 住宅信息

**使用面积：** 142 m²

**设计性质：** 旧房改造

**房屋类型：** 三室两厅

**关键词：** 无主灯、智能化

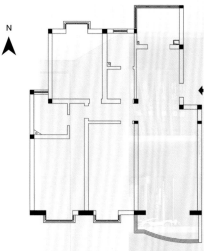

原始户型图

## 改造亮点

**1** 压缩空间，退移过道墙面，解决走廊直对卧室的尴尬。

**2** 借换空间，保留三室，满足全家人需求。

**3** 中厨可开可合，实现餐厅和酒吧的创意设计。

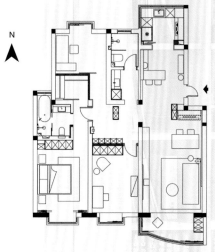

改造后平面布局图

## ↘ 重整格局，增加储物功能，提升私密感

　　就任何一套翻新旧宅而言，首要的是进行空间的重塑和功能板块的分割，由此规划出一条有趣的动线。

　　为增加公共阅读区域，使走道动线更有趣，设计师将次卧过道的墙体南移，设计成开放式书柜，在增加储物空间的同时，还解决了入户即对主卧房门的问题，使得空间层次更加丰富。

▲走廊尽头的佛龛显得庄重、威严，空间多了一丝质朴的禅意

▲将墙体进行移动，在设计储物空间的同时解决户型缺陷，大大提高空间利用率。在墙面设计展示格，摆放艺术品来彰显屋主人品位，增添居室氛围

客厅背景墙进行大面积的留白，利用平面构成的方式，于背景墙右端纵向开洞，在大面积白墙上创造了气口，巧妙地避免了佛像直面餐桌。

▲客厅背景墙大面积留白，使得整个墙面看起来足够干净整洁

## ↘ 契合个性化生活习惯，布局照明与智能家居

如果白天的光线是自然馈赠给建筑的宝贵礼物，那么夜晚的灯光，就是人类赋予空间的灵魂。设计师依据业主的生活习惯，设计了不同的灯光场景。

▲柔和的灯光营造舒适氛围，明亮的灯光照亮角落，暖色调的灯光增添温馨感

精致的吊灯则带来浪漫气息。这些灯光场景不仅提升了空间的品质，更在无形中影响着人们的生活方式和情感体验

▲灯光在形式上体现美感，形成丰富的空间层次，无主灯设计也更加人性化，大面积使用木质感元素，素雅简洁，表达着业主禅静的生活态度。智能家居的加入契合个性化的生活习惯，让生活更加便利

打开家门时，层层递进的灯光让归家也有了仪式感，如在微醺迷离的酒吧中喝了一杯鸡尾酒，如舞台的聚光灯打在随音符跳动的指尖，如观影时倾泻而下的氛围灯光。每一个灯光打造的小细节都把生活渲染得诗情画意。

每个人对家都有不同的期待，而智能家居一直是业主长期关注的领域。不同于市面上绝大多数的设计，本案的"智能改造"不是简单的语音控制，而是对业主生活习惯的场景适配。智能灯光、电控窗帘（百叶）、恒温恒湿系统、全自动清洁组合，这些隐藏的"智能助手"，便利了业主生活的方方面面。

## ↘ 软装点缀生活，让空间成为珍藏记忆与情感的所在

书架上摆放的是业主的心爱之物——从各地淘来的记录生活点滴的老式胶片相机。还有钢琴上方摆放的黑胶唱片，都是记忆的珍藏。

如今"家"或许需要承担更多的功能，我们也都需要一个满足需求和抗风险能力更强的家。这不仅体现在生存的需要上，更体现在生活的意义上。

▶每每见到古旧的物件，都会使人从心底充满回忆的幸福，设计师在其间放置钢琴与吉他，都是珍贵的回忆

# 复式的游弋空间，借光还可内开窗

空间设计及图片提供：云行空间

# 基本信息

## 住宅信息

**使用面积:** 180 m²

**设计性质:** 毛坯房

**房屋类型:** 三室三厅

**关键词:** 极简体块、工艺、材料

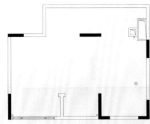

原始户型图

## 改造亮点

**1** 一层厨房变成独立洗衣间。

**2** 一层原本的卧室向玄关方向扩张,成为餐厨一体的综合功能区。

**3** 二层延续串联的空间规划,在大空间里设计一个小空间作为独立衣帽间。

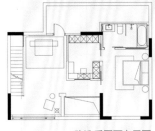

改造后平面布局图

## ↘ 微调格局，运用大体量设计来整合空间

　　设计师对整个空间的设计是将零碎的空间进行归整处理，把功能和空间融合在一起，使业主能够享受空间带来的开阔尺度。即减少视觉装饰上的干扰，用大体量的留白和材质对比，形成空间建构的语言。

　　入户走廊顶面采用灰色使空间紧凑，沿着光线走到与客厅衔接的位置又豁然开朗起来。玄关与客厅存在体量的差异，使得客厅被放大和强调出来。

▲整面的灰色储物收纳柜，与同色系不同材质的屋顶和地面衔接，在灯光的晕染下，模糊了各自的边界。大尺度的柜体集众多功能于一体，连贯而震撼

▲灯带在空间中创造出各种舒适的场景氛围

　　书房与客厅共享开阔空间，为体现复式的空间感，设计师保留了一些层次上的镂空处理。在靠近窗子且上下通透的墙面上设计猫爬架，猫咪可以真正地飞檐走壁，让整个空间更为有趣。空间的上下层之间既相互关联，又相互独立。

▲具有层高差的复式空间减少了大面积普通层板的使用，并利用这个巧妙设计放置猫爬架，释放猫咪天性，在丰富了视觉空间的同时还为宠物留出了活动的空间

## ↘ 不同材质的衔接和工艺细节的考量

在现代极简风格中，空间中不会出现太繁复的材料堆砌，往往会将少量的材料在空间的不同场景中切换使用。因此，在不同材料之间的转换和衔接处理上，更追求极致的工艺和美感。

案例中，设计师使用悬空电视柜贯穿南北空间，让电视柜变成楼梯踏步的一部分。上下空间通过岩板踏步进行过渡。

在瓷砖和木地板的接缝处，采用无金属收边条的方式，让空间更干净利落。

▲几种主题材料与颜色有序重复出现，衔接和谐

▲电视柜是楼梯踏步的一部分

▲延长悬空电视柜，使其成为衔接踏步，成为空间与视觉上的媒介。不同材质间的过渡体现协调柔和之美

## ↘ 串联空间，天窗设计增加采光

二楼主要呈现两个板块——主卧和健身区，每个空间独立又相互联系，通过不同的内开窗户实现采光。

主卧的天窗通过电动窗帘，实现光线的调整。卫生间、衣帽间则又借用健身区和卧室的光线让空间在隐约中产生立体感。

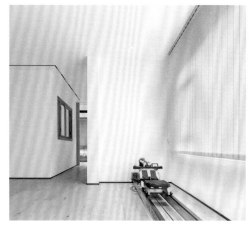

▲半透光窗帘让健身区光线柔和，使业主白天健身时也不会感受到刺眼的阳光，享受运动时光

▲主卧天窗增加自然采光，自上而下的光束增添神秘与浪漫

案例
10

# 寻梦令，86 m$^2$
# 凝集中式元素

空间设计及图片提供：南也设计

# 基本信息

## 住宅信息

**使用面积：** 86 m²
**设计性质：** 毛坯房
**房屋类型：** 三室两厅
**关键词：** 轻中式、半开放式书房

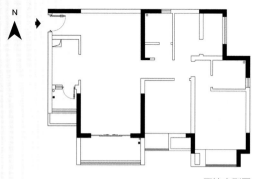

原始户型图

## 改造亮点

**1** 重新布局空间，将书房改造为可开可合的半开放式空间。

**2** 主卧借用书房面积，增加收纳功能。

**3** 开放式厨房和吧台一体，实现空间的视觉最大化。

改造后平面布局图

## ↘ 细节元素古为今用，为空间打造中式感

此案是常规的小三室，平日只有小两口居住。设计师通过模糊空间界限的手法，释放空间的尺度感，保留两间独立的卧室和一间半开放式书房。

客厅的木制硬装采用原木色和白色，软装则用黑胡桃色提升质感。深与浅、轻与重，空间的层次犹如写意画一般在宣纸上晕染。

▲硬装上尽量简化，让空间显得通透。色彩以白色为主，营造中式的朦胧意境

在入户门正对的地方，餐厅的卡座背景墙用"雨打芭蕉"的意象作为入户视线的切入点。

阳台设置不规矩的方圆门洞，让视线从餐厅的景墙转移到客厅，再转到书房的玻璃窗，游园式的移步换景，露而不尽。

▲中式家装元素带来身临其境的氛围感

▲游园式内敛的视线遮挡，巧妙点题，表达传统古典的含蓄美

　　卫生间和卧室之间通过玻璃砖带来水波潋滟的光影效果，让两个独立的私密空间产生特定的关联。

▲透过玻璃砖，光线进行互通，朦胧的美感仿若身处梦境中，所见事物都呈现出原本的形态与美感

## ↘ 凝练的风格元素，大道至简的体现

特定的风格往往都有标签式的符号元素存在，譬如欧式风格的拱券、拱门重复出现和堆叠。现代风中的中式元素则追求大道致简。没有电视的背景墙，在餐厨的衔接处用中式的月亮门元素通过灯光营造满月的意象。在吧台就餐时，有一种花前月下的浪漫。

书房采用复古的"海棠玻璃"，用材质作为主题元素的点缀不失为一种好方法，既能作为空间的物理分割，又能达到风格的统一。有秩序感的书柜像是中医药铺内的百草柜，再搭配书房的字画，整个空间显得安静而质朴，充满书香气息。

▲月亮门元素加入的柜体令人忍不住浮想联翩。一门见满月，自然美景浓缩在小小的圆中，美观与储物兼具

▲笔直的家具线条与柔美的枝叶，一刚一柔，尽显禅意

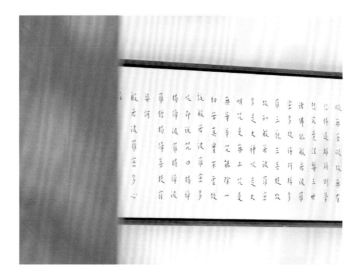

▲在书房阅读,不仅是从书籍中获得知识,还在此空间得到了一种精神上的滋养,业主在其间感受到内心的沉淀与平静

## ↘ 契合空间格调，精心挑选软装单品

在现代风中，我们往往都会确定一个设计的大体风格方向，或是纯现代的简约风格，或是带有复古混搭的精致特色。

大量留白的硬装空间，给软装的选择提供了有力的条件，无论是现代家具还是古典的家具，都能在这种留白的空间中找到正确的位置。

而本案是现代轻中式风格，区别于传统的中式和新中式，没有使用厚重的红木家具，而是用造型简洁、材质质朴的改良中式家具，从设计上贴合当代人的生活习惯和人体工程学的要求。

▲ ▶将有特色的家具单品摆放在空间中，无论是空间整体格调还是单品与其他家居产品的组合，都能展现其独特气质

▲现代轻中式风格让更多人看到传统中式家具设计风格的多变性和灵活性，在设计中留白，在设计中简约

# 如秋般温柔的家，现代与复古的碰撞

空间设计及图片提供：南也设计

# 基本信息

## 住宅信息

**使用面积：** 90 m²

**设计性质：** 毛坯房

**房屋类型：** 三室两厅

**关键词：** 留白、自由组合、艺术感

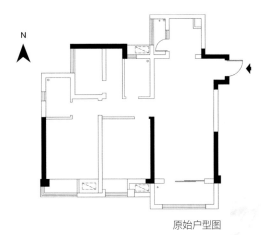

原始户型图

## 改造亮点

**1** 三室改两室，卧室采用套房形式。

**2** 多功能书房兼客房。

**3** 客厅随意布局，功能不受限。

改造后平面布局图

## ↘ 动静分区，自由灵活的搭配让独居也有温情

　　案例原本为 90 m² 的三室空间，拆分后只留下两个房间。前半部作为客厅动区，后半部形成套房形式的主卧静区。全屋只需满足业主一个人的居住需求，父母偶尔会小住几天。

▶可灵活组合的家具，为家中带来生气的同时，也可以激发业主的创造性

▼尽管摆放了沙发，但一改普通大沙发以电视为中心的布局，通过三个不同的沙发椅营造出不拘一节的氛围。半圆弧形的门框与有曲线的家具组合，处处洋溢着温柔

▲▼将"小画廊"搬进家中，画作可以灵活替换，为未来生活的记录预留了空间

　　一个人面对大面积的空间和长体量的家具时，往往更容易产生孤独感。所以，无论是餐厨区的吧台、餐桌，还是客厅的沙发组合形式，设计师都使用了不同的家具单品进行灵活的组合。

　　客厅留白赋予空间空灵之美，通过曲线和半圆弧形元素的结合，调和了原本结构上的硬朗感，空间氛围更加柔和，让人在空间的方框中挣脱束缚。

　　餐厅的圆桌，是为了与空间的曲线相呼应，餐桌的桌腿和阳台的罗马柱也有异曲同工之妙。金色的摇头壁灯，可以在餐厅和吧台之间切换使用，而不同场景的就餐形式可以为生活带来仪式感与新鲜感。

　　墙面上每一幅精挑细选的挂画，都让空间多了一份艺术感，从不同的角度可以欣赏到不同的画，会误以为走进一间小型画廊。今后旅行中记录生活点滴的影像也可以随意挂在墙面。这正是业主想要表达的"艺术感"。

## ↘ 色彩鲜明灵动，特殊的"留白"跃动空间

　　和客厅的素净相反，主卧的留白方式则是通过不同的色彩进行表达。业主来自西北并在山城定居，设计师使用了其家乡文化中具有代表性的颜色——沙漠色彩，有黄沙飞鸣的沙砾黄，有落日余晖的晚霞红，还有塞上江南的嫩芽黄。在简单的空间造型中用色彩去丰富空间情感。

　　在主卧的套间中，空间功能被分配得恰到好处，就算足不出户，也能在空间的穿行中体会度假的休闲感。

▲ 两个空间强烈的色彩对比，营造出先淡雅后热情的感觉，让人的心境在不同空间的转变中产生不同的变化

## ↘ 现代和复古搭配，让理性的空间充满感性的美

无论是拱门还是各种压花玻璃、藤编制品等，都成为近几年室内装饰的网红元素，在现代风的空间中加入这些元素，可以让空间更有复古的氛围感。

因此，本案中可以看到设计师使用了一些复古元素，通过全屋通铺的人字拼木地板、客厅的实木百叶帘、阳台纤细的罗马柱，为空间增添了一份古典的韵味。

除了家具单品外，各类灯饰也集合了简约和质朴的美。在形状上统一，在材质上区别，让空间更加灵动。

▲ ▶家中的家具单品搭配的长虹玻璃、绳编等来实现现代和复古之间的微妙联系

▲现代与复古激情碰撞，交相辉映。藤编、金属推车、布艺包裹、温暖灯光，虽风格迥异却又和谐地组合在了一起